高等学校信息技术
人才能力培养系列教材

Computer

Introduction to Computer Science and
Computational Thinking

计算机科学概论与计算思维

刘新 褚芸芸 吴昊 ◉ 编著

人民邮电出版社

北 京

图书在版编目（CIP）数据

计算机科学概论与计算思维 / 刘新，褚芸芸，吴昊
编著． -- 北京：人民邮电出版社，2022.8（2024.7重印）
高等学校信息技术人才能力培养系列教材
ISBN 978-7-115-57893-8

Ⅰ．①计… Ⅱ．①刘… ②褚… ③吴… Ⅲ．①电子计
算机－高等学校－教材 Ⅳ．①TP3

中国版本图书馆CIP数据核字(2021)第229117号

内 容 提 要

本书是为满足"大学计算机基础"课程改革的要求，由长期从事计算机基础教学的教师将"计算机应用""计算机文化""计算思维导论"等课程融合后精心编写而成的。

全书共 7 章，内容包括计算机技术概述、计算机系统、操作系统、计算机网络与新技术、信息与网络安全技术、软件技术基础、计算思维简介。

本书注重内容的系统性与完整性，力求实现深度和广度的平衡，适合作为高等院校"大学计算机基础"课程的教材，也可作为全国计算机等级考试公共基础部分的培训教材。

◆ 编 著 刘 新 褚芸芸 吴 昊
　　责任编辑 韦雅雪
　　责任印制 王 郁 陈 犇
◆ 人民邮电出版社出版发行　　北京市丰台区成寿寺路 11 号
　　邮编 100164　电子邮件 315@ptpress.com.cn
　　网址 https://www.ptpress.com.cn
　　三河市兴达印务有限公司印刷
◆ 开本：787×1092　1/16
　　印张：13.5　　　　　　　2022 年 8 月第 1 版
　　字数：281 千字　　　　　2024 年 7 月河北第 4 次印刷

定价：49.80 元

读者服务热线：(010)81055256　印装质量热线：(010)81055316
反盗版热线：(010)81055315
广告经营许可证：京东市监广登字 20170147 号

前　言

党的二十大报告中提到："当前，世界百年未有之大变局加速演进，新一轮科技革命和产业变革深入发展，国际力量对比深刻调整，我国发展面临新的战略机遇。"在信息技术快速发展的今天，为帮助学生更好地学习和掌握信息技术，助力我国加快建设质量强国、网络强国、数字中国，"大学计算机基础"课程迎来了新的改革思路：将"计算机应用""计算机文化""计算思维导论"等课程充分融合，跟踪计算机技术发展的趋势，反映计算机应用领域的新技术。这样的教学改革模式已经在教学实践中取得了良好的效果。本书的定位：基于应用基础，关注计算机文化，启发计算思维；以理论为主体，以实践为重点，以调整学生的知识结构和能力素质为目的，体现计算机基础教育的目标和要求，服务本科教学。

本书根据教育部高等学校大学计算机课程教学指导委员会提出的《大学计算机基础课程教学基本要求》编写而成。全书共 7 章，不仅用浅显易懂的语言介绍了计算机相关的基本概念与基础理论，还辅之以相应的实例，同时对计算机科学领域的新知识和新概念进行了必要的介绍。考虑到部分学生有参加全国计算机等级考试的需求，本书还兼顾了全国计算机等级考试（二级）新大纲中对公共基础部分的要求。

为方便读者学习，本书提供配套的教学课件和相关素材等辅助教学资源。如果读者需要，请访问人邮教育社区（www.ryjiaoyu.com），搜索本书书名或者第一作者，即可找到相关网页进行下载。另外，编者编写了与本书配套的《大学计算机实践教程》，主要内容包括硬件操作基础、常用办公软件的使用方法以及计算机网络的配置与应用。

本书讲义及配套实践教程讲义的教学实践效果得到了教师和学生的高度认可：在理论环节上，学生不但掌握了计算机科学的基本理论知识，而且紧跟计算机技术的新发展，了解了计算机的新技术与新应用，建立起了计算思维的概念；在实践环节上，学生掌握了计算机的基本组成知识与日常维护方法，能够熟练使用常用办公软件、配置计算机网络，满足学习和生活的实际需求。

本书由刘新、褚芸芸、吴昊编著。由于编者水平有限，书中难免存在不足之处，恳请读者批评指正。

编者

2023 年 6 月

目　　录

第1章
计算机技术概述

计算机是人类最伟大的科学技术发明之一，对信息化社会生产和人民生活产生了极其深刻的影响。在我国实现"全面建成小康社会"的宏伟目标，坚持以信息化带动工业化，以工业化促进信息化，走新型工业化道路的进程中，以计算机技术、网络通信技术和多媒体技术为主要标志的信息技术涉及几乎所有领域，已渗透到信息化社会的各行各业。计算机是不同学科的不同专业背景下拓展专业研究的有效工具，必要的计算机知识和一定的计算机操作技能是现代人的知识结构中不可缺少的组成部分。本章主要内容如下：

- 计算工具的演变；
- 计算机的发展与未来；
- 计算机的分类与应用；
- 计算机中信息的表示方式；
- 多媒体信息的表示与处理。

1.1 计算工具的演变

人类在文明发展的早期就遇到了计算问题，计算需要借助一定的工具来进行。在远古时代，人类最初使用手指、脚趾来进行计算，人有 10 根手指，并且习惯用手指记数，因此就自然而然地采用了十进制记数法。用手指进行计算虽然很方便，但计算范围有限，计算的结果也无法存储。于是人们开始把绳子、石子等作为计算工具来使用，例如，我国古书中记载有"上古结绳而治"，拉丁文中"Calculus"的本意是用于计算的小石子。

随着社会文明的不断发展，人类开始不断地发明和改进专用的计算工具，从绳子到算筹、算盘、计算尺、差分机，再到 1946 年世界上第一台通用电子计算机诞生，计算工具经历了从简单到复杂、从低级到高级、从手动到自动的发展过程，目前仍在不断地进化。回顾计算工具的发展历史，我们可以从中得到许多启示。

1.1.1 手动计算工具

1. 算筹及其摆法

较早出现的人造计算工具是算筹，是由我国古代劳动人民最先创造和使用的。算筹最早出现在何时，现在已经无法考证，但在春秋时代（公元前 770 年—公元前 476 年），算筹的使用已经非常普遍了。史书记载，算筹是一根根长短和粗细相同的小棍子，一般长为 13～14cm，直径为 0.2～0.3cm，多用竹子制成，也有用木头、兽骨、金属等材料制成的。

算筹采用十进制记数法，有纵式和横式两种摆法，这两种摆法都可以表示 1、2、3、4、5、6、7、8、9 这 9 个数字，数字 0 用空位表示。算筹的记数方法：个位用纵式，十位用横式，百位用纵式，千位用横式……这样从右到左，纵横相间，就可以表示任意数值的自然数了。算筹及其摆法示意如图 1-1 所示。

图 1-1　算筹及其摆法示意

2. 算盘

算盘的发明是计算工具发展史上的一次重大改革，它也是由我国古代劳动人民首先创造和使用的（见图 1-2）。算盘由算筹演变而来（起源于唐朝，公元 618 年—907 年），并且和算筹并存竞争了一段时期，最终在元朝（公元 1206 年—1368 年）后期取代了算筹。

图 1-2　算盘

算盘轻巧灵活、携带方便，应用极为广泛，先是流传到东亚国家，后来又传入西方。算盘采用十进制记数法，并有一整套计算口诀，如"三下五除二""七上八下"等。这些口诀是最早出现的体系化算法。

使用算盘能够进行基本的算术运算（加、减、乘、除），是公认的最早使用的计算工具，即使在今天也能在许多地方看到它的身影。有人认为算盘是最早的数字计算机，而珠算口诀是最早的体系化算法，这些都是古代人类在计算工具上取得的辉煌成就。

除我国外，其他国家也出现了各式各样的计算工具，如古希腊人的"安提凯希拉装置"、古罗马人的"沟算盘"、英国人的"刻齿本片"等。

3. 纳皮尔算筹/乘除器

1617 年，英国数学家约翰·纳皮尔（John Napier）发明了纳皮尔算筹，也称纳皮尔乘除器（见图 1-3）。它由一组表面刻有阿拉伯数字的木棍组成，可以用来进行简单的乘除运算。

图 1-3　纳皮尔及纳皮尔算筹

4. 圆形计算尺/对数计算尺

1621 年，英国数学家威廉·奥特雷德（William Oughtred）根据对数原理发明了圆形计算尺，也称对数计算尺。

对数计算尺在两个圆盘的边缘标注对数刻度，让它们相对转动就可以基于对数原理用加减运算来实现乘除运算。

17 世纪中期，对数计算尺被改进为由尺座和在尺座内部移动的滑尺组成的形式。18 世纪末，改良蒸汽机的詹姆斯·瓦特（James Watt）独具匠心，在尺座上添置了一个滑标，用来存储计算的中间结果。

对数计算尺不但能进行加、减、乘、除、乘方、开方运算，而且可以进行三角函数、指数函数和对数函数运算，直到袖珍电子计算器面世前它都一直被广泛地使用。即使在 20 世纪 60 年代，对数计算尺的使用仍然是理工科大学生必须掌握的基本功，是工程师身份的一种象征。图 1-4 所示为对数计算尺。

图 1-4　对数计算尺

1.1.2 机械计算工具

1. 帕斯卡加法器

17 世纪，欧洲出现了利用齿轮技术的手动机械计算工具。1642 年，法国数学家布莱兹·帕斯卡（Blaise Pascal）发明了帕斯卡加法器（见图 1-5），这是人类历史上第一台机械式计算工具，它对后来的计算工具产生了持久的影响。

图 1-5 帕斯卡及帕斯卡加法器

帕斯卡加法器是由齿轮组成，以发条为动力，通过转动齿轮实现加减运算，用连杆实现进位的计算装置。帕斯卡从加法器的成功应用中得出结论：人的某些思维过程与机械过程没有差别，因此可以用机械来模拟人的思维活动。

2. 莱布尼茨四则运算器

德国数学家莱布尼茨（G.W.Leibniz）发现了帕斯卡的一篇关于帕斯卡加法器的论文，激发了他强烈的发明欲望，因此他决心把这种机器的功能扩大到乘除运算。

1673 年，莱布尼茨研制了一台能进行四则运算的机械式计算器，即莱布尼茨四则运算器，如图 1-6 所示。这台机器在进行乘法运算时采用进位-加（Shift-Add）的方法，后来演化为二进制，被现代计算机采用。

图 1-6 莱布尼茨及莱布尼茨四则运算器

莱布尼茨四则运算器在计算工具的发展史上掀起了一个小高潮。在此后的一百多年中，虽有不少类似的计算工具出现，但除了在灵活性上有所改善外，都没有突破手动机械的框架，使用齿轮、连杆组装起来的计算设备限制了计算工具的功能、速度以及可靠性。

3. 巴贝奇差分机

19 世纪初，英国数学家查尔斯·巴贝奇（Charles Babbage）在英国剑桥大学求学。在这个时期，为了解决航海、工业生产和科学研究中的复杂计算问题，许多数学表（如对数表、函数表）应运而生。

这些数学表虽然带来了一定的便利，但由于采用人工计算，其中的错误很多。巴贝奇决心研制新的计算工具，用机器取代人工来计算这些实用价值很高的数学表，专门用于航海和天文计算。在英国政府的支持下，巴贝奇历时 10 年，成功研制出了差分机，如图 1-7 所示。这是最早采用寄存器来存储数据的计算工具，体现了早期程序设计思想的萌芽，使计算工具从手动机械跨越到了自动机械的新时代。

图 1-7　巴贝奇差分机

4. 巴贝奇分析机

研制出差分机后，巴贝奇开始进行分析机的研究。在分析机的设计中，巴贝奇采用了如下 3 个具有现代意义的装置。

（1）存储装置：采用齿轮式装置的寄存器保存数据，既能存储运算数据，又能存储运算结果。

（2）运算装置：从寄存器取出数据进行加、减、乘、除运算，并且乘法以累次加法来实现，还能根据运算结果的状态改变计算的进程，用现代术语来说，就是条件转移。

（3）控制装置：使用指令自动控制操作顺序、选择所需处理的数据以及输出结果。

巴贝奇分析机是可编程计算机的设计蓝图，实际上，我们今天使用的每一台计算机都遵循巴贝奇分析机的基本设计原理。但是巴贝奇先进的设计思想超越了当时的客观现实，由于当时的机械加工技术还达不到所要求的精度，导致这部以齿轮为元件、以蒸汽为动力的分析机一直到巴贝奇去世也没有完成。

1.1.3　机电式计算机

1. 制表机

1886 年，美国统计学家赫尔曼·霍利里思（Herman Hollerith）借鉴了雅各织布机的穿孔卡原理，用穿孔卡片存储数据，采用机电技术取代纯机械装置，制造了第一台可以自动完成加减乘除四则运算、累计存档、报表制作等工作的制表机，如图 1-8 所示。

这台制表机在 1890 年的美国人口普查工作中发挥了重要作用，原本预计需要 10 年才能完成的统计工作仅用 19 个月就完成了。这也是人类历史上第一次利用计算机进行大规模的数据处理。

1896 年，霍勒瑞斯创建了制表机公司——TMC 公司。1911 年，TMC 公司与另外两家公司合并，成立了 CTR 公司。1924 年，CTR 公司改名为国际商业机器公司（International Business Machines Corporation），这就是赫赫有名的 IBM 公司。

图 1-8　制表机

2. Z 系列计算机

1938 年，德国工程师朱斯（K. Zuse）研制出 Z-1 计算机，这是第一台采用二进制记数法的计算机。在接下来的 4 年中，朱斯先后研制出采用继电器的计算机 Z-2、Z-3、Z-4，Z 系列计算机如图 1-9 所示。

图 1-9　Z 系列计算机

Z-3 是世界上第一台真正的通用程序控制计算机，它不仅全部采用继电器，还采用浮点记数法、二进制运算、带存储地址的指令形式等。

这些设计思想虽然在朱斯之前已经有人提出过，但朱斯第一次将这些设计思想具体实现。在一次空袭中，朱斯的住宅和包括 Z-3 在内的计算机统统被炸毁。德国战败后，朱斯流亡到瑞士一个偏僻的乡村，转向计算机软件理论的研究。

3. Mark-I

1936 年，美国哈佛大学应用数学教授霍华德·艾肯（Howard Aiken）在阅读过约 100 年前巴贝奇的笔记后，发现了巴贝奇的分析机设计，并为巴贝奇的远见卓识感到震惊。

艾肯提出用机电的方法，而不是纯机械的方法来实现巴贝奇的分析机。在 IBM 公司的资助下，艾肯于 1944 年成功研制出机电式计算机 Mark-I，如图 1-10 所示。

Mark-I 长约 15.5 米，高约 2.4 米，由约 75 万个零部件组成，使用了大量的继电器作为开关元件，存储容量为 72 个 23 位十进制数，采用穿孔纸带进行程序控制。它的计算速度很慢，执行一次加法操作需要约 0.3 秒，并且噪声很大。尽管它的可靠性不高，但仍然被哈佛大学使用了 15 年。Mark-I 只是部分使用继电器，1947 年研制成功的计算机 Mark-II 则全部使用继电器。

图 1-10　霍华德·艾肯与 Mark-I

艾肯等人制造的机电式计算机,其典型部件是普通的继电器,继电器的开关时间是 1/100 秒,使机电式计算机的运算速度受到限制。20 世纪 30 年代,人类已经具备了制造电子计算机的技术能力,机电式计算机从一开始就注定很快要被电子计算机替代。事实上,电子计算机和机电式计算机的研制几乎是同时开始的。

1.1.4　电子计算机的诞生

现在我们所说的计算机,它的全称是"通用电子数字计算机"。"通用"是指计算机可以具有多种用途,"电子"是指计算机是一种电子设备,"数字"是指计算机内部的一切信息都是用 0 和 1 进行编码的。

电子计算机是 20 世纪最伟大的科学技术发明之一,对人类的生产活动和社会活动产生了极其重要的影响,并以蓬勃的生命力飞速发展。它的应用领域从最初的军事科研领域扩展到社会的各个领域,形成了规模巨大的计算机产业,带动了全球范围的技术进步,由此引发了深刻的社会变革。

计算机已遍及一般的学校、企事业单位,并进入百姓家中,成为信息化社会必不可少的工具。

1. 理想计算机的提出

1937 年,英国科学家阿兰·马西森·图灵(Alan Mathison Turing),如图 1-11 所示,发表了著名的关于理想计算机的论文,后人称其理想计算机为图灵机(Turing Machine, TM)。图灵机由 3 部分组成:一条无限长度的带子、一个读写头和一个控制装置。图灵机理论说明了机器计算的本质,奠定了现代算法的雏形,证明了通用数字计算机是可能制造出来的。一般认为,现代计算机的基本概念源于图灵,为纪念图灵对计算机的贡献,美国计算机协会于 1966 年设立了"图灵奖"。

图 1-11　图灵

阿兰·马西·图灵,英国数学家、逻辑学家,1931 年进入英国剑桥大学国王学院,毕业后到美国普林斯顿大学攻读博士学位,后来又回到剑桥大学,曾协助军方破译德国的著名密码系统恩尼格玛，协助盟军取得了第二次世界大战的胜利。他是"计算机科学之父""人工智能之父""计算机逻辑的奠基者"，提出了图灵机和图灵测试等重要模型和概念。人们为了纪念其在计算机领域的卓越贡献而专门设立了"图灵奖"，该奖项被公认为计算机领域的诺贝尔奖。

2. ABC

世界上第一台电子数字计算设备是阿塔纳索夫-贝瑞计算机（简称 ABC），如图 1-12 所示。这台计算机是由美国艾奥瓦州立大学的约翰·文森特·阿塔纳索夫和他的研究生克利福特·贝瑞在 1937 年设计的，不可编程，仅可用于求解线性方程组，并在 1942 年成功进行了测试。然而，这台计算机用纸卡片读写器实现的中间结果存储机制是不可靠的。而且，在发明者约翰·文森特·阿塔纳索夫因为第二次世界大战的任务而离开艾奥瓦州立大学之后，这台计算机的研制工作就没有继续进行下去。

图 1-12　约翰·文森特·阿塔纳索夫及阿塔纳索夫-贝瑞计算机

ABC 开创了现代计算机的重要元素，包括二进制计算方法和电子开关。但是因为其缺乏通用性、可变性与存储程序的机制，所以应将其与现代计算机区分开来。这台计算机在 1990 年被认定为电气电子工程师学会（Institute of Electrical and Electronics Engineers，IEEE）的里程碑之一。

3. ENIAC

20 世纪社会的发展和科学技术的进步对计算工具提出了更高、更强烈的需求，随着第二次世界大战的爆发，各国科学研究的主要精力都转向为军事服务。为了设计更先进的武器，提高计算工具的计算速度和精度成为人们开发新型计算工具的重点。美国的军械部门为了计算弹道和射击表启动了研制电子数字积分计算机（Electronic Numerical Integrator and Computer，ENIAC）的计划，这个任务交给了美国宾夕法尼亚大学物理学教授约翰·莫克利和他的研究生普雷斯帕·埃克特。

1946 年 2 月 15 日，这台标志人类计算工具历史性变革的巨型机器宣告竣工，如图 1-13 所示。其主要元件是电子管，每秒能完成约 5000 次加法运算或 300 多次乘法运算，比当时运算速度最快的计算工具快约 300 倍。该机器使用了约 1500 个继电器、超过 17 000 个电子管，占地约 170 平方米，重量超过 30 多吨，能耗约为 150 千瓦，耗资约 40 万美元，真可谓庞然大物。虽然 ENIAC 仍有着不能存储程序、需要用线路连接的方法来编排程序等弱点，但它使过去借助机械的分析机需 7～20 小时才能计算一条弹道的工作时间缩短到约 30 秒，使科学家从大量的计算工作中解放出来。ENIAC 的问世标志着电子计算机时代的到来。

图 1-13　ENIAC

虽然 ENIAC 显示了电子元件在运算速度上的优越性，但它没有最大限度地利用电子技术所提供的巨大潜力。ENIAC 的主要缺点：第一，存储容量小；第二，程序是"外插型"的。为了进行几分钟的计算，接通各种开关和线路的准备工作就要花费几小时。

在那时，ENIAC 普遍被认为是第一台现代意义上的计算机，而之前的 ABC 直到 1960 年才广为人知，人们陷入了谁才是第一台现代意义上的计算机的争论中。1973 年，美国联邦地方法院注销了 ENIAC 的专利，并给出结论：ENIAC 的发明者从阿塔纳索夫那里继承了电子数字计算机的主要构建思想。因此，ABC 被认定为世界上第一台现代意义上的计算机。

4. EDVAC

1945 年 6 月，美国普林斯顿大学数学教授约翰·冯·诺依曼（John von Neumann）发表了离散变量自动电子计算机（Electronic Discrete Variable Automatic Computer，EDVAC）方案，从此确立了现代计算机的基本结构，如图 1-14 所示。

冯·诺依曼提出计算机应有五大基本组成部分：运算器、控制器、存储器、输入设备和输出设备，并且描述了这五大部分的功能和相互关系。同时提出了"采用二进制"和"存储程序"这两个重要的基本思想。与图灵机的理论模型相比，冯·诺依曼结构给出了计算机工程的实现方案，这对后来计算机的设计有着决定性的影响，至今仍为电子计算机设计者所遵循。迄今为止，大部分计算机仍基本遵循冯·诺依曼结构。

图 1-14　冯·诺依曼及 EDVAC

冯·诺依曼，著名数学家，被誉为"计算机之父""博弈论之父"，1903 年出生于匈牙利布达佩斯，1957 年因患癌症在华盛顿去世。冯·诺依曼从小就显示出了过人的数学天赋。1921 年—1923 年在瑞士苏黎世大学学习，很快他在 1926 年以优异的成绩获得了匈牙利布达佩斯大学数学博士学位，此时冯·诺依曼年仅 22 岁。1927 年—1929 年，冯·诺依曼相继在德国的柏林大学和汉堡大学担任数学讲师。1930 年接受了美国普林斯顿大学客座教授的职位，并于 1931 年入选该校的第一批终身教授，那时，他还不到 30 岁。1933 年转到该校的高级研究所，余生都在那里工作。冯·诺依曼是美国普林斯顿大学、美国宾夕法尼亚大学、美国哈佛大学、土耳其伊斯坦布尔大学、美国马里兰大学、美国哥伦比亚大学和德国慕尼黑高等技术学院等校的荣誉博士。

冯·诺依曼是 20 世纪最重要的数学家之一，在纯粹的数学和应用数学方面都有杰出的贡献。他的工作大致可以分为两个时期：1940 年以前，主要进行纯粹的数学的研究；1940 年以后，他转向研究应用数学。

冯·诺依曼对世界上第一台通用电子计算机 ENIAC 的设计提出过建议，1945 年 3 月，他在与众多专家共同讨论的基础上起草了 EDVAC 设计报告初稿，这对后来计算机的设计有着决定性的影响，特别是确定计算机的结构、采用存储程序以及二进制编码等，至今仍为电子计算机设计者所遵循。

需要强调的是，EDVAC 方案是集体智慧的结晶，冯·诺依曼的伟大功绩在于他运用渊博的数理知识和非凡的分析能力、综合能力，在 EDVAC 的总体配置和逻辑设计中起到了关键的作用。

可以说，现代计算机的发明绝不是仅凭单个杰出人物的努力就能完成的，研制电子计算机不仅需要巨额的资金，而且需要数学家、逻辑学家、电子工程师以及组织管理人员等的密切合作，需要团队的共同努力。

1.2　计算机的发展与未来

在短短的 70 多年里，计算机从像 ENIAC 这样笨重、昂贵、容易出错、仅用于科学计算的机器，发展到今天，成了可信赖的、通用的、遍布现代社会每一个角落的机器。

发明第一台计算机的人并没有预测到计算机技术会如此快速地发展。然而，计算机技术在过去 70 多年里的发展与未来 70 多年的变化相比可能会相形见绌，将来人们可能会觉得今天最好的计算机很原始，就像人们今天看待 70 多年前的 ENIAC 一样。

科技是第一生产力、人才是第一资源、创新是第一动力。计算机的产生是人类追求智慧的心血和结晶，计算机技术也必将随着人类对智慧的不懈追求而不断发展。

1.2.1　计算机的发展历程

1. 电子计算机的发展

从世界上第一台通用电子计算机诞生至今，计算机技术以前所未有的速度迅猛发展，经历了大型计算机阶段、微型计算机及网络计算机阶段。对于传统的大型计算机，通常根据计算机所采用的电子元件不同而划分为电子管计算机，晶体管计算机，中小规模集成电路计算机，大规模和超大规模集成电路计算机等四代，如表 1-1 所示。

表 1-1　计算机发展的 4 个阶段

代次	时间	主要电子元件	内存储器	外存储器	处理速度（每秒执行的指令数量）	代表机型
第一代	1946 年—1957 年	电子管	汞延迟线	纸带、卡片、磁带和磁鼓	几千～几万条	UNIVAC-I
第二代	1958 年—1964 年	晶体管	磁芯存储器	磁盘、磁带	几十万条	IBM 的 7000 系列
第三代	1965 年—1971 年	中小规模集成电路	半导体存储器	磁盘、磁带	几百万条	IBM 的 360 系列
第四代	1972 年至今	大规模和超大规模集成电路	半导体存储器	磁盘、光盘等大容量存储器	上亿条	IBM 的 4300 系列、3080 系列、3090 系列和 900 系列

第一代计算机的主要特点：内存储器容量非常小（仅为 1000～4000 字节）；计算机程序设计语言处于最基础阶段，用一串 0 和 1 表示的机器语言进行编程，直到 20 世纪 50 年代才出现汇编语言；尚无操作系统，操作困难。其体积庞大、造价昂贵、运算速度低、存储容量小、可靠性差、操作方法复杂，主要应用于军事目的和科学研究领域。

第二代计算机的主要特点：采用晶体管这种体积小、重量轻、开关速度快、工作温度低的电子元件；内存储器容量扩大到几十万字节；计算机软件有了较大发展，出现了监控程序并发展成为后来的操作系统；推出了 BASIC、Fortran、COBOL 等程序设计语言。与第一代计算机相比，其体积小、成本低、重量轻、功耗低、运算速度快、功能强、可靠性高，主要应用范围由单一的科学计算扩展到数据处理和事务管理等其他领域。

第三代计算机的主要特点：体积、重量、功耗进一步减小或减少，运算速度、逻辑运算功能和可靠性进一步提高；软件在这个时期形成了产业；出现了分时操作系统；提出了结构化、模块化的程序设计思想，出现了结构化的程序设计语言——Pascal。这一时期的计算机同时向标准化、多样化、通用化发展。

第四代计算机的主要特点：磁盘的存取速度和容量大幅度上升；体积、重量和功耗更进一步减小或减少；计算机的性能价格比基本以每 18 个月翻一番的速度上升；操作系统向虚拟操作系统发展，数据库管理系统不断完善和加强，程序设计语言进一步发展和改进，软件行业发展成为新兴的高科技产业；计算机的应用领域不断向社会各个方面渗透。

2. 微型计算机的诞生与发展

微型计算机也称微型机、个人计算机（Personal Computer，PC）。从世界上第一台通用电子计算机

ENIAC 诞生到 20 世纪 70 年代初，计算机一直向巨型化方向发展，巨型化是指计算速度和存储容量不断提高。从 20 世纪 70 年代初开始，计算机又在向微型化方向发展，微型化是指计算机的体积大幅度减小和价格大幅度降低。

PC 真正的雏形应该是苹果机，它是由苹果（Apple）公司的创始人——史蒂夫·乔布斯和他的同伴在一个车库里组装出来的。这两个年轻人坚信电子计算机能够大众化、平民化，他们的理想是制造普通人都买得起的 PC。在车库中诞生的苹果机在美国高科技史上留下了神话般的光彩。

1981 年，IBM 公司正式推出了首台个人计算机——IBM PC，采用主频为 4.7MHz 的 Intel 8088 微处理器，运行微软公司开发的 MS-DOS 操作系统。IBM PC 的诞生具有划时代的意义，它首创了个人计算机的概念，为 PC 制定了企业通用的工业标准。

昂贵而庞大的计算机演变为适合个人使用的 PC，应当归功于超大规模集成电路的迅猛发展。PC 所具有的强大的处理信息的功能来源于它有一个称为微处理器的大规模集成电路芯片。微处理器包含运算器和控制器。世界上第一个通用微处理器 Intel 4004 于 1971 年问世，它包含 2300 个晶体管，支持 45 条指令，工作频率为 1MHz，尺寸规格为 3mm×4mm。尽管它体积小，但计算性能远远超过当年的 ENIAC。20 世纪 80 年代推出的 IMB PC 采用了 Intel 8088 微处理器，其后短短几年间，80286 微处理器、80386 微处理器、80486 微处理器相继推出。1993 年，Intel 公司的奔腾（Pentium）系列微处理器诞生了，随后，"奔腾时代"的大幕拉开，Intel 公司分别于 1995 年推出 Pentium Pro、1997 年推出 Pentium II、1999 年推出 Pentium III，奔腾系列微处理器迅猛发展。2004 年，Intel 公司发布了 Pentium 4 微处理器，该处理器首次采用纳米工艺，支持超线程技术，采用新的金属触点接口，并可用于制造更轻薄的笔记本电脑。2005 年 4 月，Intel 公司的第一款双核处理器（酷睿双核处理器）问世，标志着"多核处理器时代"来临。

微型计算机在诞生之初就配置了操作系统，其后操作系统也在不断发展。操作系统发展的第一个阶段为单用户、单任务的操作系统。继 1976 年美国 Digital Research 公司研制出 8 位的 CP/M 操作系统之后，出现了 CDOS、MDOS 和 MS-DOS 等磁盘操作系统。操作系统发展的第二个阶段是以多用户、多道作业和分时为特征的现代操作系统。其典型代表有 UNIX、Windows、Linux、Solaris、OS/2 等。现代操作系统普遍具有多用户、多任务、虚拟存储管理、网络通信支持、数据库支持、多媒体支持、应用程序接口（Application Program Interface，API）支持、图形用户界面（Graphical User Interface，GUI）等功能。目前，随着智能手机、平板电脑等移动电子设备的发展，移动操作系统如 iOS、Android 等正在成为操作系统中新的领军者。

1.2.2 计算机技术的发展趋势

1. 形态多样化

未来的计算机，外形上将更为轻薄，便携性将更为突出。可拆卸式键盘、可折叠显示屏也许会成为未来笔记本电脑的主流配置。以谷歌眼镜、Apple Watch 为代表的各种可穿戴设备会将人类 "全副武装"，它们不仅可以在许多特殊任务领域得到充分利用，而且将进入人们的日常生活。

2. 非接触式操作

人机交互不再依赖键盘和鼠标，触摸屏除了在智能手机和平板电脑上广泛应用外，也已经配置于部分台式计算机和笔记本电脑中。而在未来，计算机不再是必须用手来操作的机器，无论是使用键盘、鼠标，还是触摸屏。

从微软公司的 Kinect 设备的手势控制，到苹果公司的 Siri 语音控制，再到谷歌眼镜的眼球控制，我们可以期待在未来用完全不同的方式操纵计算机。

3. 物联网

物联网（Internet of Things，IoT）是一种基于互联网实现的物与物、人与物和人与人之间信息交换功能的网络。物联网意味着我们接触到的任何物体都可能变成计算机终端，都可能与我们的智能手机实现无缝连接。物联网的一些应用，如移动支付、智慧地球计划等，已经被广泛应用，但很难预料物联网会给我们的生活带来怎样的影响。

4. 人工智能计算机

随着大数据、云计算、集成电路等技术的发展，人工智能进入了崭新的飞速发展的阶段。大数据技术的发展以及极大的数据量为人工智能奠定了基础，基于大数据的深度学习可以建立人工神经网络，获得更好的预测能力；移动互联网让人们有了新的需求，让人工智能数据的维度以及人机交互技术得到了长足的发展；通信、芯片等信息产业的发展给人工智能的实现打下了基础。

人工智能技术将是下一轮技术发展的核心，其应用已经从专业的工业领域扩展到了与人们生活息息相关的服务领域。目前，人工智能在无人驾驶、无人机、机器人等领域的应用日益成熟并引起广泛关注，可以预见，未来将是人工智能的时代。

1.2.3 未来新型计算机系统

1. 超级计算机

高速度、大容量、功能强大的超级计算机可用于处理庞大而复杂的问题，例如，航天工程、石油勘探、人类遗传基因等现代科学技术领域和国防尖端技术领域都需要具有超高速度和超大容量的超级计算机。

研制超级计算机的技术能力可体现一个国家的综合国力，因此，超级计算机的研制是各国在高新技术领域竞争的热点。

2. 微型计算机

微型化技术是大规模集成电路出现后发展最迅速的技术之一，计算机的微型化能更好地促进计算机的广泛应用。因此，发展体积小、功能强、价格低、可靠性高、适用范围广的微型计算机是计算机发展的一项重要内容。

3. 智能计算机

到目前为止，计算机在处理过程化的计算工作方面已达到相当高的水平，是人力所不能及的，但在某些智能性工作方面，计算机远远不如人脑。

如何让计算机具有人脑的智能，模拟人的推理、联想、思维等功能，甚至研制出具有某些情感和智力的计算机，是计算机技术的一个重要发展方向。

4. 普适计算机

20 世纪 70 年代末，人类进入了"个人计算机时代"。许多研究人员认为，我们现在已经进入了"后个人计算机时代"，计算机技术将融入各种工具并实现相应的功能。

当计算机在人们的日常生活中无处不在时，我们就进入了"普适计算机时代"，普适计算机可为人们带来前所未有的便利。

5. 网络与网格

由于互联网和万维网在世界各国已经不同程度地普及且技术接近成熟，人们开始关心互联网和万维网之后是什么。答案是网格。有关专家进行了初步论证：互联网实现了计算机硬件的连通，万维网实现了网页的连通，而网格则试图实现互联网上所有资源（包括计算资源、软件资源、信息资源、知识资源等）的连通。施乐 PARC 研究中心的负责人保罗·萨福预测了下一代网络：今天的网络是工程师做的，2050 年的网络是生长出来的。

6. 新型计算机

处理器和大规模集成电路的发展正在接近理论的极限，人们正在努力研究超越理论极限的新方法，新型计算机可能会打破计算机现有的体系结构。目前正在研制的新型计算机主要有如下 3 种。

（1）光子计算机

光子计算机是相对电子计算机而言的。光子计算机由光信号来传递、存储和处理信息，以光子作为信息载体，以光互连代替导线互连，以光硬件代替电子硬件，以接近每秒 30 万千米的速度传递信息。

光子计算机由激光器、光学反射镜、透镜、滤波器等光学元件和设备构成，靠激光束进入由反射镜和透镜组成的阵列进行信息处理，以光子代替电子，以光运算代替电运算，如图 1-15 所示。光的并行、高速，天然地决定了光子计算机的并行处理能力很强，具有超高运算速度。光子计算机还具有与人脑相似的容错性，系统中某一元件损坏或出错时，并不影响最终的计算结果。光子在光介质中传输所造成的信息畸变和失真极小，光传输、转换时消耗的能量和散发的热量极低，因此光子计算机对环境的要求比电子计算机对环境的要求低得多。

图 1-15　使用光处理信息的芯片

由此可见，光子计算机最重要的优势是信息的并行传输、高速处理、大容量存储以及运行的低功耗，这决定了光子计算机在存储和运算速度等方面的性能远超电子计算机。随着现代光学与计算机技术、微电子技术相结合，在不久的将来，光子计算机或将成为人类的通用工具。

（2）生物计算机

生物计算机是受人脑具有强大信息处理能力的启发，模拟人脑的生物功能，实现数字计算的一类高性能计算设备。生物计算机是利用遗传工程技术，利用蛋白质具有开关功能的特性，用蛋白质分子作为生物元件和生物芯片制成的计算机。

生物计算机的生物元件比电子计算机的电子元件要小很多，由蛋白质构成的集成电路，其大小只相当于硅片集成电路的十万分之一。生物计算机的生物元件开关速度比传统计算机要快得多，可模拟人脑的生物特性，具有人脑的并行处理功能，运算速度比现在最快的超级计算机还要快十万倍左右，而其能量消耗仅相当于普通计算机的十亿分之一，且具有强大的存储能力。更为独特的是，由于蛋白质分子有自我组合的能力，生物芯片一旦出现故障可自我修复，实现自愈合和自改善，因此，生物计算机可靠性非常高，且具有一定的"永久性"。生物计算机具有生物活性，能够与人体的组织有机地结合起来，尤其是能够与大脑和神经系统相连，这样一来，生物计算机就可直接接受大脑的综合指挥。

生物计算机涉及计算机科学、脑科学、分子生物学、生物物理、生物工程、电子工程等多个相关学科，是全球高科技领域最具发展潜力的一门学科之一。尽管目前生物计算机还存在着诸如信息提取困难等缺点，但相信随着技术的不断进步，这些问题终将得到解决，生物计算机的应用前景不可小觑。

（3）量子计算机

量子计算机是一种遵循量子力学规律进行高速运算、存储及处理量子信息的物理装置。不同于电子计算机，量子计算机用来存储数据的对象是量子比特，它使用量子算法进行数据操作。量子计算机采用并行的计算方式，因此其运算速度非常快，运算能力非常强。其运算速度相当于很多台电子计算机的并行运算速度。

在电子计算机中，基本信息单位为比特，运算对象是各种比特序列。与此类似，在量子计算机中，基本信息单位是量子比特，运算对象是量子比特序列。所不同的是，量子比特序列不但可以处于各种正交态的叠加态上，而且可以处于纠缠态上。这些特殊的量子态，不仅可提供量子并行计算的可能，而且可带来许多奇妙的性质。

目前很多国家和机构都在研发量子计算机。2007 年 2 月，加拿大 D-Wave 系统公司宣布研制成功 16 位量子比特的超导量子计算机（见图 1-16）。2014 年 1 月，美国国家安全局宣布正在研发一款用于破解加密技术的量子计算机，希望破解大部分类型的加密技术。2015 年 12 月，多家美国媒体报道，美国航空航天局与谷歌公司宣布，他们制造出了第一台真正利用量子机制运算的计算机。尽管这些设备是否真正实现了量子计算还未得到学术界的广泛认同，但量子计算机的研发已是不争的热点。

图 1-16   D-Wave 计算机

2013 年 6 月，由中国科学技术大学潘建伟院士领衔的量子光学和量子信息团队成功实现了用量子计算机求解线性方程组的实验。2015 年，中国科学技术大学杜江峰研究组在固态自旋体系中实现了达到容错阈值的普适量子逻辑门，这一结果代表了目前固态自旋体系中量子操控精度的世界最高水平。

量子计算机不仅运算速度超级快，与普通计算机相比，它还能解决非常复杂的问题。在寻找问题解决方案的时候，量子计算机采用与人类思维相似的方式，这将令它们可以完成许多人类才能胜任的工作。未来的量子计算机能够提供更精确的气象预测、更高效的药物研发、更精准的空中和地面交通控制、更安全的加密通信等令人激动的应用，还能够加速太空探索、实现人工智能的机器学习。尽管实现这些目标还有很长的路要走，但我们相信，在不久的将来，人们在量子计算机领域会有重大突破。

除了以上 3 种计算机外，未来的新型计算机还包括纳米计算机、超导计算机、化学计算机、拟态计算机等，虽然这些计算机还处于探讨试验阶段，但随着科技的不断进步，未来的计算机会像其他事物一样不断地发展变化。

需要强调的是，一个新的计算机时代的开始并不意味着旧的计算机时代的终结。现在，我们生活在一个研究型计算机、个人计算机和网络计算机并存的时代，并正在进入一个计算机无处不在的"普适计算机时代"。

技术的发展很难预测，技术给社会带来的影响更难预测，无人能在 20 世纪 40 年代预测计算机技术会给我们现在的生活带来如此深远的影响。预测未来 10～20 年的计算机技术发展情况最好的办法就是观察目前实验室里的研究成果，虽然我们无法知道实验室里的哪些研究成果最终可以获得成功，也难以很快知道预测未来的结果是否正确，但是有一点可以肯定，那就是创造未来完全靠人类自己。

1.3　计算机的分类与应用

1.3.1　计算机的分类

随着计算机及相关技术的迅速发展，计算机类型不断分化，形成了各种类型的计算机。按照计算机的运算速度、字长、存储容量等综合性能指标，可将计算机分为巨型机、大型机、小型机和微型机等。

但是，随着计算机制造技术的进步，各种类型的计算机性能指标都在不断改进和提高，以至于过去一台大型机的性能可能还比不上今天一台微型机的，因此计算机的类别划分很难有一个精确的标准。在此，根据计算机应用领域及其综合性能指标，将计算机分为微型计算机、高性能计算机、工作站、服务器、嵌入式计算机等。

1. 微型计算机

微型计算机也称个人计算机，其通过大规模集成电路技术将计算机的核心部件（运算器和控制器）集成在一块称为中央处理器的芯片上，是为满足个人需要而设计的一种计算设备。微型计算机通常能运行多种类型的应用软件，广泛应用于办公、学习、娱乐等社会生活的方方面面，是发展最快、应用最为广泛的计算机。我们日常使用的桌面计算机、便携式计算机、掌上型计算机等都是微型计算机。

2. 高性能计算机

高性能计算机（High Performance Computer，HPC），通常也称为超级计算机，是由很多处理器（机）组成的，能处理普通计算机和服务器所不能处理的大型复杂任务和计算密集型问题。它是目前功能最强、速度最快的一类计算机，其浮点运算速度已达到每秒千万亿次。HPC 主要应用于国防、航天、气象等科学工程计算领域，它是一个国家综合科技实力的重要标志。

国际高性能计算机 TOP 500 组织是发布全球已安装的 HPC 性能排名的权威机构，该机构以系统实测的 Linpack 测试值及 2014 年开始采用的高性能共轭梯度（HPCG）测试为基准进行排名，每隔半年发布一次。

图 1-17 所示为由国防科技大学研制的"天河二号"计算机，曾 6 次获得全球高性能计算机 TOP 500 排名的第一位。

图 1-17　"天河二号"高性能计算机系统

3. 工作站

工作站是一种高端的微型计算机，通常配有高分辨率的大屏幕、多屏显示器及大容量存储器，主要面向专业应用领域，具备强大的数据运算与图形、图像处理能力。工作站主要应用于工程设计及制造、图像处理、动画制作、信息服务、模拟仿真等专业领域。

常见的工作站有图像处理工作站、计算机辅助设计（CAD）工作站、办公自动化（OA）工作站等。不同任务的工作站有不同的硬件和软件配置。

另外，在计算机网络系统中连接服务器的终端机也称为工作站。计算机网络系统中的工作站仅是网络中的任何一台普通微型机或终端，是网络中的任一用户节点。

4. 服务器

服务器是指在网络环境下为网络上的多个用户提供服务的计算机系统。目前的 Internet 就是基于服务器的，大多数网站都通过在服务器上运行各类软件为网络用户提供信息资源共享和各种服务。

在网络环境下，根据提供的服务类型不同，可将服务器分为文件服务器、数据库服务器、应用程序服务器、Web 服务器、邮件服务器等。

服务器需要存储大量的网络信息资源，并需要同时为多个网络用户提供服务，因此在存储能力、处理能力、稳定性、可靠性、安全性、可管理性等方面要求较高。由于需要支持的网络用户数量不同，对服务器的功能和性能要求也不尽相同。性能较好的微型计算机能够满足小型企业内部服务器的功能需求，而对于需要同时支持大量网络用户的应用环境，则需要使用专门的高性能服务器。根据服务器的综合性能，服务器可分为入门级服务器、工作组级服务器、部门级服务器、企业级服务器；而根据服务器的外形，可分为机架式服务器、刀片服务器、塔式服务器、机柜式服务器。图 1-18 所示为企业级机架式服务器。

图 1-18　企业级机架式服务器

5. 嵌入式计算机

嵌入式计算机是指嵌入被控对象内部，实现被控对象智能化的专用计算机系统。嵌入式计算机系统是以应用为中心，软硬件可裁剪，适用于对功能、可靠性、成本、体积、功耗等综合性能有严格要求的专用计算机系统。

嵌入式计算机的应用领域非常广泛，几乎涵盖日常生活中所有的电器设备。日常使用的电冰箱、全自动洗衣机、空调、智能手机、工业自动化仪表、医疗仪器、POS 机等都采用了嵌入式计算机技术。

随着物联网的发展，网络用户终端延伸和扩展到了任何物品与物品之间进行的信息交换和通信中，这就要求智能终端必须具备嵌入式系统。嵌入式计算机作为组成物联网的重要组成部分，将会有更广泛的应用前景。

1.3.2 计算机的作用

众所周知，计算机具有快速、高效、记忆和自动化处理等一系列的特点，这为信息的处理带来了极大的便利，计算机在信息化社会中的主要作用如下。

（1）极高的运算速度，可高效率、高质量地完成数据加工处理的任务。

（2）丰富的存储设备使信息得以长期保存和反复使用，大量图书、档案资料可压缩存储在磁盘或光盘上。

（3）多媒体技术使计算机渗透到社会的各个领域，使人与计算机之间建立起更为默契、融洽的新型关系。

（4）计算机网络"缩短了世界的距离"，网络用户之间，甚至物品与物品之间都可以通过网络进行信息传递和资源共享。

（5）智能化的决策支持系统应用于管理信息，为决策科学化的实现提供了可能。

总之，计算机在信息化社会中的作用不断扩大，已经成为人们生产和生活中离不开的工具和"伙伴"。

1.3.3 计算机的应用领域

从计算机诞生至今，计算机应用的发展非常迅速，已经深入社会生活的各个领域，从科研、生产、商业、医疗、教育到家庭生活，计算机无处不在。目前，计算机的应用主要分为以下 6 个方面。

1. 科学与工程计算

计算机可应用于科学研究和工程技术中所提出的数值计算，如人造卫星轨迹的计算、导弹发射的各项参数的计算、房屋抗震强度的计算等。

科学计算是计算机最早的应用领域，研制世界上第一台通用电子计算机 ENIAC 的目的就是将其用于军事计算，计算机发展的初期也主要用于科学计算。迄今为止，在航天技术、气象预报、地震预测、工程设计等领域，科学计算仍然是计算机应用的一个重要方向。

科学计算和工程计算作为一门具有整合性、工具性、方法性的科学，包括近年来在各种科学与工程领域中逐步形成的计算性学科分支，如计算力学、计算物理、计算化学、计算环境科学等。在生物科学、医学、系统科学、经济学、社会科学中也都开始发展科学计算和工程计算理论。由于许多实验需要昂贵的仪器设备、观测时间很长或反应时间很短，以及测量上的困难，计算模型已用来代替大部分的实验，成为各学科的重要工具。例如，汽车的碰撞实验，目前可以用计算机进行数值仿真；有时物理实验上很难测得的现象（混沌系统及孤立子等），也都是先通过科学计算发现的。在气象、地震、核能技术、石油勘探、航天工程、密码破译等领域，计算机已成为不可或缺的工具。

2. 信息管理

信息管理是计算机应用最广泛的领域之一。现代社会是信息化社会，随着生产力的发展，信息量急剧膨胀，信息已经与物质、能量一起被列为人类活动的 3 个基本要素。信息管理就是对各种信息进行收集、存储、加工、整理、分类、统计、利用和传播等一系列活动的统称，其目的是获取有用的信息，为决策提供依据。

目前，计算机信息管理已广泛应用于企业管理、物资管理、辅助决策、文档管理、情报检索、文字处理、医疗诊断、数字媒体艺术等各个行业。信息管理和实际应用领域相结合产生了很多的应用系统，如办公领域的办公自动化系统、生产领域的物料需求计划（MRP）系统、商业流通领域的电子商务系统等。

3. 自动控制

在工业生产过程中，计算机自动控制系统把工业现场的模拟量、开关量以及脉冲量，经放大电路和模/数、数/模转换电路传送给计算机的处理系统，由计算机进行数据采集、显示以及现场控制。计算机自动控制系统还应用于交通控制、通信控制、武器控制等方面。

4. 计算机辅助工程

计算机辅助工程是指利用计算机进行工程设计、产品制造、性能测试等。计算机辅助系统包括计算机辅助设计（Computer Aided Design，CAD）、计算机辅助制造（Computer Aided Manufacturing，CAM）、计算机辅助测试（Computer Aided Testing，CAT）、计算机集成制造系统（Computer Integrated Manufacturing System，CIMS）、计算机辅助教学（Computer Aided Instruction，CAI）等系统。

计算机辅助设计是利用计算机及图形设备辅助设计人员进行产品设计和工程技术设计。在设计时，可通过人机交互更改设计和布局，反复迭代设计直至满意。它能使设计过程逐步趋向自动化，大大缩短设计周期，增强产品在市场上的竞争力。计算机辅助设计已广泛应用于飞机、汽车、机械、电子和建筑等领域。

计算机辅助制造是利用计算机系统进行生产设备的管理、控制和操作。计算机辅助制造技术可以提高产品质量、降低成本、缩短生产周期、提高生产效率和改善劳动条件。将计算机辅助设计和计算机辅助制造技术集成，则可实现设计生产自动化，这种技术称为计算机集成制造系统，它是无人工厂的基础。

计算机辅助教学是在计算机的辅助下进行各种教学活动。计算机辅助教学最大的特点是交互教学和个别指导，它改变了教师在讲台上讲课而学生在课堂内听课的传统教学方式。近年来迅速发展的远程教育、网络教育更是在教学的各个环节中大量使用了各种计算机系统。

5. 人工智能

人工智能（Artificial Intelligence，AI）是通过计算机模拟人类的智能行为，如感知、思维、推理、学习、理解等，建立智能信息处理理论，进而设计可以展现某些近似人类智能行为的计算系统。

人工智能既是计算机当前的重要应用领域，也是今后计算机发展的主要方向之一。尽管在人工智能领域中存在诸多的技术难题，但人们仍取得了一些重要成果，这样的领域包括语言处理、自动定理证明、智能数据检索系统、视觉系统、问题求解、人工智能方法和程序语言、自动程序设计等。

近年来，人工智能技术高速发展，已经开始为人类生活带来便利，包括语音识别技术、图像分析技术、无人驾驶汽车、医疗诊断、翻译工具以及具有一定思维能力的智能机器人等。但是，人工智能的巨大潜力也给人类社会带来潜在的威胁，我们需要警惕人工智能科技的过度发展，防止人工智能产生超越人类的智慧并失去控制。

6. 网络应用

计算机网络将分布于世界各地的计算机系统用通信线路和通信设备连接起来，以实现计算机之间的数据通信和资源共享。网络和通信的快速发展改变了传统的信息交流方式，加快了社会信息化的步伐。网络应用的日趋大众化和普及化正深刻改变着人们的工作方式和生活方式。

随着移动技术的飞速发展，物联网、云计算、移动互联网等已经成为网络应用的重点。

计算机及其相关技术的快速发展和普及推动了社会信息化的进程，改变了人们的工作、生活、消费、娱乐等活动方式，极大地提高了工作效率和生活质量。在未来，计算机的应用领域将继续扩展，并将开拓人们无法预见的新领域，计算机将成为人类社会不可缺少的一部分。

1.4　计算机中信息的表示方式

计算机的信息处理涉及计算机硬件、软件、多媒体、网络、通信等各种技术，下面介绍计算机信息处理的一般过程及所涉及的主要技术，这些技术在后续章节中会进一步阐述。

计算机中所表示和使用的信息可分为三大类：数值信息、文本信息和多媒体信息。数值信息用来表示量的大小、正负；文本信息用来表示一些符号、标记；多媒体信息用来表示声音、图画、影视等。各种信息在计算机内部都是用二进制编码表示的。

1.4.1　数制的概念

人们在生产实践和日常生活中创造了多种表示数的方法，这些数的表示规则称为数制。例如，人们常用的十进制、钟表计时中使用的六十进制、计算机中使用的二进制等。

1. 十进制数

（1）组成

十进制数由 0～9 共 10 个数字符号组成，如 15、819.18 等。

（2）运算规则

加法规则是"逢十进一"，减法规则是"借一当十"。

任何一个十进制数都可以写成各个位上数字的展开形式，如

$819.18=8 \times 10^2+1 \times 10^1+9 \times 10^0+1 \times 10^{-1}+8 \times 10^{-2}$

2. 二进制数

（1）组成

二进制数由 0 和 1 共两个数字符号组成，如 101、110.11 等。

（2）运算规则

加法规则是"逢二进一"，减法规则是"借一当二"。

计算机中采用二进制数是因为二进制数具有如下特点。

① 简单可行，容易实现。因为二进制仅有两个数字符号——0 和 1，可以用两种不同的稳定状态（如有磁和无磁、高电位与低电位）来表示。计算机的各组成部分都由仅有两个稳定状态的电子元器件组成，不但容易实现，而且稳定可靠。

② 运算规则简单。进行加法运算时"逢二进一"，即 0+0=0、0+1=1、1+0=1、1+1=0（有进位）。进行减法运算时"借一当二"，即 0-0=0、0-1=1（有借位）、1-0=1、1-1=0。

③ 适用于逻辑运算。二进制中的 0 和 1 正好分别表示逻辑代数中的假值（False）和真值（True）。以二进制数代表逻辑值容易实现逻辑运算。

任何一个二进制数都可以写成各个位上数字的展开形式，如

$101.11=1 \times 2^2+0 \times 2^1+1 \times 2^0+1 \times 2^{-1}+1 \times 2^{-2}$

但是，二进制的明显缺点是数字冗长、书写繁杂且容易出错、不便阅读。所以，在计算机技术文献的书写中，常用八进制数和十六进制数。

3. 八进制数

（1）组成

八进制数由 0～7 共 8 个数字符号组成，如 17、56.17 等。

（2）运算规则

加法规则是"逢八进一"，减法规则是"借一当八"。

任何一个八进制数都可以写成各个位上数字的展开形式，如

$56.17=5 \times 8^1+6 \times 8^0+1 \times 8^{-1}+7 \times 8^{-2}$

4. 十六进制数

（1）组成

十六进制数由 0～9 和 A、B、C、D、E、F 共 16 个数字符号组成，其中 A、B、C、D、E、F 分别表示数字符号 10、11、12、13、14、15，如 17B、56.CE 等。

（2）运算规则

加法规则是"逢十六进一"，减法规则是"借一当十六"。

任何一个十六进制数都可以写成各个位上数字的展开形式，如

$56.CE=5 \times 16^1+6 \times 16^0+C \times 16^{-1}+E \times 16^{-2}$

5. R 进制数

归纳以上数制的特点，我们可以构造出任意的 R 进制数（三进制、五进制等）。

（1）组成

R 进制数由 R 个数字符号组成。

（2）运算规则

加法规则是"逢 R 进一"，减法规则是"借一当 R"。

任何一个具有 n 位整数和 m 位小数的 R 进制数 N 都可以写成各个位上数字的展开形式，如

$(N)_R=a_{n-1} \times R^{n-1}+a_{n-2} \times R^{n-2}+\cdots+a_0 \times R^0+a_{-1} \times R^{-1}+\cdots+a_{-m} \times R^{-m}$

（3）基数

一个记数制所包含的数字符号的个数称为该数制的基数，用 R 表示。例如，十进制的基数 R=10，二进制的基数 R=2，八进制的基数 R=8，十六进制的基数 R=16。

为了区分不同数制的数，本书约定对于任一 R 进制的数 N，记作 $(N)_R$。例如，$(1010)_2$、$(703)_8$、$(AE05)_{16}$，分别表示二进制数 1010、八进制数 703 和十六进制数 AE05。不用括号及下标的数，默认为十进制数，如 256。人们也习惯在一个数的后面加上字母 D（十进制）、B（二进制）、O（八进制）、H（十六进制）来表示其前面的数用的是什么进制，如 1010B 表示二进制数 1010；AE05H 表示十六进制数 AE05。

（4）位值（位权）

任何一个 R 进制的数都是由一串数码表示的，其中每一位数码所表示的实际值大小，除数码本身的数值外，还与它所处的位置有关，由位置决定的值就叫作位值（或位权），用基数 R 的 i 次幂（R^i）表示。

假设一个 R 进制数具有 n 位整数，m 位小数，那么其位权为 R^i，其中，$-m \leq i \leq n-1$。显然，对于

任一 R 进制数，其最右边数码的位权最小，最左边数码的位权最大。

应当指出，二进制、八进制和十六进制都是计算机领域中常用的数制，所以在一定范围内直接写出它们之间的对应表示，也是需要读者掌握的。表 1-2 列出了 0～15 这 16 个十进制数与其他 3 种数制的对应表示。

表 1-2   4 种记数制的对应表示

十进制数	二进制数	八进制数	十六进制数	十进制数	二进制数	八进制数	十六进制数
0	0000	0	0	8	1000	10	8
1	0001	1	1	9	1001	11	9
2	0010	2	2	10	1010	12	A
3	0011	3	3	11	1011	13	B
4	0100	4	4	12	1100	14	C
5	0101	5	5	13	1101	15	D
6	0110	6	6	14	1110	16	E
7	0111	7	7	15	1111	17	F

1.4.2 数制间的转换

1. 非十进制数转换成十进制数

方法：将非十进制数的数值按其位权展开，再把各项相加。

【例 1.1】将二进制数 1010.101 转换成十进制数。

$(1010.101)_2=1 \times 2^3+0 \times 2^2+1 \times 2^1+0 \times 2^0+1 \times 2^{-1}+0 \times 2^{-2}+1 \times 2^{-3}=8+2+0.5+0.125=(10.625)_{10}$

【例 1.2】将八进制数 154.6 转换成十进制数。

$(154.6)_8=1 \times 8^2+5 \times 8^1+4 \times 8^0+6 \times 8^{-1}=64+40+4+0.75=(108.75)_{10}$

【例 1.3】将十六进制数 2BA.8 转换成十进制数。

$(2BA.8)_{16}=2 \times 16^2+11 \times 16^1+10 \times 16^0+8 \times 16^{-1}=512+176+10+0.5=(698.5)_{10}$

2. 十进制数转换成非十进制数

方法：将十进制数转换成非十进制数时，要将该数的整数部分和小数部分分别转换；其中，整数部分采用"除基数取余数"法，小数部分采用"乘基数取整数"法；最后将两部分拼接起来即可。

"除基数取余数"法的具体操作方法：将十进制数的整数部分连续地除以要转换成的数制的基数，直到商数等于 0 为止。得到的余数（必定小于基数）就是对应非十进制数的整数部分的各位数字。但必须注意：第一次得到的余数为非十进制数整数部分的最低位，最后一次得到的余数为非十进制数整数部分的最高位。

"乘基数取整数"法的具体操作方法：将十进制数的小数部分连续地乘以要转换成的数制的基数，直到小数部分为 0，或达到所要求的精度（小数部分可能永不为 0）。得到的整数就是对应非十进制数的小数部分的各位数字。但必须注意：第一次得到的整数为非十进制数小数部分的最高位，最后一次得到的整数为非十进制数小数部分的最低位。

【例 1.4】将十进制数 57.24 转换成二进制数。精确到小数点后 3 位。

整数部分　　　　　　　　　　小数部分

所以，（57.24）$_{10}$ ≈（111001.001）$_2$

【例 1.5】将十进制数 57.24 转换成八进制数。精确到小数点后 2 位。

整数部分　　　　　　　　　小数部分

所以，（57.24）$_{10}$ ≈（71.17）$_8$

【例 1.6】将十进制数 57.24 转换成十六进制数。

整数部分　　　　　　　　　　小数部分

```
16 | 57      余数              0.24      整数
16 |  3  …… 9  低位           ×   16
    |  0  …… 3  高位            1.44
                              +  2.4
                               3.84  …… 3    高位
                               0.84
                              ×  16
                               5.04
                              +  8.4
                              13.44  …… D    低位
```

所以，（57.24）$_{10}$ ≈（39.3D）$_{16}$

3. 二进制数与八进制数的相互转换

方法：将二进制数转换成八进制数，要以该二进制数的小数点为中心向左右两边每 3 位划分为一组（中间的 0 不能省略），两头位数不够时可以补 0，然后将每组的 3 位二进制数转换成 1 位八进制数；将八进制数转换成二进制数的过程正好与其相反，即将一位的八进制数转换成 3 位的二进制数。

【例 1.7】将二进制数 10110101.11 转换成八进制数。

（010　110　101．110）$_2$（高低位各补一个 0）

（　2　　6　　5．6　）$_8$

【例1.8】将八进制数265.6转换成二进制数。

与【例1.7】过程相反，略。

4. 二进制数与十六进制数的相互转换

方法：将二进制数转换成十六进制数，要以该二进制数的小数点为中心向左右两边每4位划分为一组（中间的0不能省略），两头位数不够时可以补0；然后将每组的4位二进制数转换成1位十六进制数，将十六进制数转换成二进制数的过程正好与其相反，即将1位的十六进制数转换成4位的二进制数。

【例1.9】将二进制数10110101101.100111转换成十六进制数。

（0101 1010 1101.1001 1100）（高位补一个0，低位补两个0）

（ 5   A   D.   9   C ）$_{16}$

【例1.10】将十六进制数5AD.9C转换成为二进制数。

与【例1.9】过程相反，略。

5. 八进制数与十六进制数的相互转换

方法：八进制数与十六进制数的转换要借助二进制数；将八进制数转换成十六进制数时，首先将该八进制数转换成相应的二进制数，然后将转换后的二进制数转换成相应的十六进制数；将十六进制数转换成八进制数时，首先将该十六进制数转换成相应的二进制数，然后将转换后的二进制数再转换成相应的八进制数。

1.4.3 数值信息的表示

1. 机器数与真值

在计算机中，因为只有"0"和"1"两种形式，为了表示数的正、负号，也必须以"0"和"1"表示。通常把一个数的最高位定义为符号位，用"0"表示正，"1"表示负，称为数符，其余位仍表示数值。把在计算机内存放的正负号数码化的数称为机器数，把计算机外部由正负号表示的数称为真值数。

例如，真值数（+0101100）$_2$，其机器数为00101100，存放在计算机中如图1-19所示。

图1-19　机器数

注意：机器数表示的范围受到字长和数据类型的限制。若字长和数据类型确定了，机器数能表示的范围也就确定了。例如，若表示一个整数，字长为8位，最大值为01111111，最高位为符号位，则此数的最大值为127。若数值超过127，就会"溢出"。

较大或较小的数常用浮点数来表示。

2．定点数与浮点数

在计算机中通常难以表示小数点，故在计算机中对小数点的位置进行了相应的规定。因此计算机中的数又有定点整数、定点小数和浮点数之分。

（1）定点整数

它所表示的数据的最小单位为 1，可以认为它是小数点定在数值最低位右边的一种数据。定点整数分为带符号和不带符号两类。对于带符号的定点整数，符号位放在最高位，如图 1-20 所示。可以将带符号的整数写成：$N=\pm a_{n-1}a_{n-2}\cdots a_2a_1a_0$。其值的范围是 $|N|\leqslant 2^n-1$。

图 1-20　带符号的定点整数

对于不带符号的整数，所有的 $n+1$ 位二进制位均视作数值，如图 1-21 所示。此数值表示的范围是 $0\leqslant N\leqslant 2^{n+1}-1$。

图 1-21　不带符号的定点整数

在计算机中，一般可以使用不同位数的多种整数，如 8 位、16 位和 32 位等。例如，用定点整数表示十进制整数 100，假定某计算机的定点整数占两个字节，因为 $100=(1100100)_2$，所以其在计算机内的表示形式如图 1-22 所示。

图 1-22　16 位定点整数

注意：最左位的"0"与次左位的"0"意义不同，前者表示数符，后者表示数值。

（2）定点小数

它是指小数点准确固定在数据某一个位置上的小数。一般把小数点固定在最高数据位的左边，在小数点左边设一位符号位，如图 1-23 所示。按此规则，任何一个小数都可以写成 $N=\pm a_{-1}a_{-2}a_{-3}\cdots a_{-m}$ 的形式。

图 1-23　定点小数

如果在计算机中用 $m+1$ 个二进制位表示上述小数，则可以用最高（最左）一个二进制位表示符号，用其后的 m 个二进制位表示该小数的数值。小数点不用明确表示出来，因为它总是定在符号位与最高数值位之间。对用 $m+1$ 个二进制位表示的小数来说，其值的范围是 $|N| \leqslant 1-2^{-m}$。例如，用定点小数表示十进制纯小数-0.324，假设某计算机的定点小数占两个字节，那么-0.324≈ $-(0.0\,10100101111000)_2$。定点小数表示法主要用在早期的计算机中。

（3）浮点数

二进制数 110.011 可以表示为 N=110.011=0.110011×$2^{+(11)_2}$。任何一个二进制浮点数可表示为 N=±s×$2^{\pm j}$。其中 j 称为 N 的阶码，j 前面的正负号称为阶符，s 称为 N 的尾数，s 前的正负号称为数符。在浮点数表示法中，小数点的位置是浮动的，阶码 j 可取不同的数值。

为了在计算机中存放方便和提高精度，必须用规格化形式唯一地表示一个浮点数。规格化形式规定尾数值的最高位为 1。对于上述数 110.011，其规格化浮点数形式唯一地表示为 0.110011×$2^{+(11)_2}$。一般浮点数存储格式如图 1-24 所示。

阶符	阶码	数符	尾数

图 1-24　浮点数存储格式

在浮点数表示中，数符和阶符都各占一位，阶码是定点整数，阶码的位数决定了数的范围，尾数是定点小数，尾数的位数决定了数的精度。在不同字长的计算机中，浮点数占的字长不同，一般为 2 个或 4 个机器字长。例如，二进制数 N=-0.1011×$2^{+(11)_2}$ 在机器中的表示形式如图 1-25 所示。

0	11	1	1011

图 1-25　浮点数表示形式

1.4.4　文本信息的表示

1．西文信息的表示

计算机中的一切信息都是用二进制编码表示的，用以表示文本信息的二进制编码称为字符编码。美国信息交换标准代码（American Standard Code for Information Interchange，ASCII）是由美国国家标准学会制定的标准单字节字符编码方案。

ASCII 有 7 位码和 8 位码两种版本。国际通用的 7 位 ASCII 是用 7 位二进制数表示一个字符的编码，其编码范围为 0000000B～1111111B，共有 2^7=128 个不同的编码值，相应地表示 128 个不同字符的编码。标准的 7 位 ASCII 字符集如表 1-3 所示。

表 1-3 标准 ASCII 字符集

十进制	十六进制	字符	十进制	十六进制	字符	十进制	十六进制	字符	十进制	十六进制	字符
0	00	NUL	32	20	SP	64	40	@	96	60	`
1	01	SOH	33	21	!	65	41	A	97	61	a
2	02	STX	34	22	"	66	42	B	98	62	b
3	03	ETX	35	23	#	67	43	C	99	63	c
4	04	EOT	36	24	$	68	44	D	100	64	d
5	05	ENQ	37	25	%	69	45	E	101	65	e
6	06	ACK	38	26	&	70	46	F	102	66	f
7	07	BEL	39	27	'	71	47	G	103	67	g
8	08	BS	40	28	(	72	48	H	104	68	h
9	09	HT	41	29	)	73	49	I	105	69	i
10	0A	LF	42	2A	*	74	4A	J	106	6A	j
11	0B	VT	43	2B	+	75	4B	K	107	6B	k
12	0C	FF	44	2C	,	76	4C	L	108	6C	l
13	0D	CR	45	2D	−	77	4D	M	109	6D	m
14	0E	SO	46	2E	.	78	4E	N	110	6E	n
15	0F	SI	47	2F	/	79	4F	O	111	6F	o
16	10	DLE	48	30	0	80	50	P	112	70	p
17	11	DC1	49	31	1	81	51	Q	113	71	q
18	12	DC2	50	32	2	82	52	R	114	72	r
19	13	DC3	51	33	3	83	53	S	115	73	s
20	14	DC4	52	34	4	84	54	T	116	74	t
21	15	NAK	53	35	5	85	55	U	117	75	u
22	16	SYN	54	36	6	86	56	V	118	76	v
23	17	ETB	55	37	7	87	57	W	119	77	w
24	18	CAN	56	38	8	88	58	X	120	78	x
25	19	EM	57	39	9	89	59	Y	121	79	y
26	1A	SUB	58	3A	:	90	5A	Z	122	7A	z
27	1B	ESC	59	3B	;	91	5B	[	123	7B	{
28	1C	FS	60	3C	<	92	5C	\	124	7C		
29	1D	GS	61	3D	=	93	5D	]	125	7D	}
30	1E	RS	62	3E	>	94	5E	^	126	7E	~
31	1F	US	63	3F	?	95	5F	_	127	7F	DEL

　　7 位 ASCII 对大小写英文字母、阿拉伯数字、标点符号及控制符等特殊符号规定了编码。其中每个字符都对应一个相应进制的数值，称为该字符的 ASCII 值。如数字 "0" 的 ASCII 值为 48（30H），字母 "A" 的 ASCII 值为 65（41H），字母 "a" 的 ASCII 值为 97（61H）等。从中可以看到：128 个编码中有 34 个控制符的编码（00H~20H、7FH）和 94 个字符编码（21H~7EH）。计算机内部用一个字节（8 位二进制位）存放一个 7 位 ASCII，最高位置为 0。

扩展的 ASCII 使用 8 位二进制位表示一个字符的编码，可表示 $2^8=256$ 个不同字符的编码。

2. 汉字信息的表示

ASCII 只对英文字母、数字和标点符号等进行了编码。为了用计算机处理汉字，同样需要对汉字进行编码。从汉字编码的角度看，计算机对汉字信息的处理过程实际上是各种汉字编码间的转换过程。这些编码主要包括：汉字输入码、汉字信息交换码、汉字内码、汉字字形码等。

（1）汉字输入码

为将汉字输入计算机而编制的代码称为汉字输入码，也称外码。目前汉字主要是通过标准键盘输入计算机的，所以汉字输入码都由键盘上的字符或数字组合而成。

汉字输入码是根据汉字的发音或字形结构等多种属性和汉字有关规则编制的，目前常用的汉字输入码有拼音码、五笔字型码、自然码等。拼音输入法是根据汉字的发音进行编码的，称为音码；五笔字型输入法根据汉字的字形结构进行编码，称为形码；自然输入法是以拼音为主，辅以字形字义进行编码，称为音形码。

对于同一个汉字，不同的输入法有不同的输入码。例如，"中"字的全拼输入码是"zhong"，其双拼输入码是"vs"，而五笔输入码是"kh"。这 3 种不同的输入码通过输入字典转换统一到交换码之下。

（2）汉字信息交换码

汉字信息交换码用于汉字信息处理系统之间或汉字信息处理系统与通信系统之间进行信息交换的汉字代码，简称交换码。

① GB 2312-80。我国于 1981 年实施了国家标准 GB 2312-80《信息交换用汉字编码字符集 基本集》。GB 2312-80 规定了进行一般汉字信息处理时所用的 7445 个字符编码，其中包括 682 个非汉字图形符（如序号、数字、罗马数字、英文字母、日文假名、俄文字母、汉语注音等）和 6763 个汉字的代码。其编码原则：汉字用两个字节表示，每个字节用 7 位码（高位为 0）。该国家标准将汉字和图形符号排列在一个 94 行 94 列的二维代码表中，每个二维代码由两个字节组成，分别用两位十进制编码，前字节的编码称为区码，后字节的编码称为位码，此即区位码。

② GBK 与 GB 18030。GBK 字符集是国家标准扩展字符集，是 GB 2312-80 的扩展方案，兼容 GB 2312-80。GB 2312-80 只支持简体中文，而 GBK 支持简体中文和繁体中文。GBK 收录 21 003 个汉字，882 个符号，共计 21 885 个字符。GBK 与 GB 2312-80 都是 16 位的。

GB 18030 有两个版本——GB 18030-2000 和 GB 18030-2005。GB 18030-2000 即《信息技术信息交换用汉字编码字符集基本集的扩充》，是 2000 年 3 月发布的汉字编码国家标准。GB 18030-2005 即《信息技术中文编码字符集》，定义了 70 244 个汉字。GB 18030 采用单字节、双字节和 4 字节 3 种方式进行编码。GB 18030 有一个非常庞大的编码空间，几乎覆盖了现在所有编码方式的字符。

③ Unicode。传统的字符编码方案大都存在一个共同的问题，即无法同时支持多语言环境。大量非

西文国家的编码标准都是各国自己制定的，因此各国文字字符编码的二进制数范围都是独立的，这就产生某个国家的某个文字编码与另一个国家的某个文字编码可能相同的问题。随着 Internet 的发展，为了满足跨语言、跨平台进行文本转换和处理，以便在全世界范围内为各国文本的传输、交流提供方便，国际标准化组织制定了统一的文字编码标准——Unicode，简称统一码或万国码。

Unicode 为每种语言的每个字符设定了统一并且唯一的二进制编码。Unicode 采用 16 位的编码，也就是每个字符占用两个字节，这样理论上最多可以表示 2^{16} 个字符，基本满足各种语言的使用。目前 Unicode 尚有大量未使用的编码空间，可用于特殊用途或未来的扩展。

（3）汉字内码

汉字内码是在计算机内部对汉字进行存储、处理的汉字代码。当一个汉字输入计算机后就转换为内码，然后才能在机器内传输、处理。目前，对应于国标码，一个汉字的内码也用两个字节存储，并把每个字节的最高二进制位置 "1"，作为汉字内码的标识，以免与单字节的 ASCII 产生歧义。

汉字内码的形式多种多样，系统不同，其机内码也不同。以 Windows 为例，在 Windows 中，汉字存储的是其对应的 Unicode，然后用代码页适应各种语言。一个汉字的 Unicode 在内存中占两个字节。

（4）汉字字形码

目前汉字信息处理系统中产生汉字字形的方式，大多是数字式的，即以点阵的方式形成汉字字形，所以这里讨论的汉字字形码，也就是指确定一个汉字字形点阵的代码，也称字模或汉字输出码。

汉字是方块字。在计算机中，将显示一个汉字的方块等分成有 n 行 n 列的格子，简称该方块为点阵。凡笔画所到的格子，其中的点为黑点，用二进制数 "1" 表示，否则为白点，用二进制数 "0" 表示。这样，一个汉字的字形就可用一串二进制数表示。例如，16×16 汉字点阵有 256 个点，需要 256 位二进制位来表示一个汉字的字形码。这就是汉字点阵的二进制数字化。图 1-26 是 "中" 字的 16×16 点阵字形示意。

图 1-26　"中" 字的 16×16 点阵字形示意

在计算机中，8 个二进制位组成一个字节，它是度量存储空间的基本单位。可见一个 16×16 点阵的字形码需要 16×16/8=32 字节的存储空间；同理，24×24 点阵的字形码需要 24×24/8=72 字节的存储空间；32×32 点阵的字形码需要 32×32/8=128 字节的存储空间。

显然，点阵中行数、列数划分越多，字形的质量越好，锯齿现象越不明显，但存储汉字字形码所占用的存储空间越多。汉字字形通常分为通用型和精密型两类，其中，通用型汉字字形点阵分成 3 种：简易型 16×16 点阵、普通型 24×24 点阵、提高型 32×32 点阵；精密型汉字字形用于常规的印刷排版，由于信息量较大（字形点阵一般为 96×96 点阵以上），通常都采用信息压缩存储技术。

汉字的点阵字形在汉字输出时要经常使用，所以要把各个汉字的字形码固定地存储起来。存放各个汉字字形码的实体称为汉字库。为满足不同需要，出现了各种各样的字库，如宋体字库、仿宋体字库、楷体字库、简体字库和繁体字库等。

汉字点阵字形的缺点是放大后会出现锯齿现象，很不美观。中文 Windows 下广泛采用 TrueType 类型的字形码，它采用数学方法来描述一个汉字的字形码。采用这种字形码的汉字可以无限放大而不出现锯齿现象。

1.5　多媒体信息的表示与处理

具有多媒体功能的计算机除了可以处理数值和字符信息外，还可以处理图像、声音和视频等多种媒体信息。

在信息技术中，多媒体（Multimedia）信息是多种媒体信息的综合，一般包括文本、声音和图像等多种媒体形式。多媒体技术是一种数字技术，是指将文本、图形、图像、声音、视频等多种媒体信息利用计算机进行数字化采集、获取、加工、存储和传播而综合为一体的技术，使信息的表现声、图、文并茂。

多媒体信息具有生动性、多样性、交互性、集成性等特点，是人类生产、学习和生活中信息的重要表现形式，也是计算机中信息表示和处理的重要内容。在互联网中，图像、声音、视频等信息的传播和利用也日益普及。随着信息技术的发展，多媒体信息的存储、加工和传播技术日趋成熟。

目前，计算机中处理的多媒体信息，除了文本信息以外，主要包括图形、图像、音频和视频信息。

1.5.1　数字图像

计算机中的图像有两种类型：位图图像和矢量图形。除了用于静态信息表现外，它们也是构成动画或视频的基础。

1. 位图图像

（1）位图图像的概念

位图图像也称栅格图像，简称位图，它是在空间和亮度上已经离散化的图像。可以把一幅位图理解为由多个网格组成的图像，每一个网格都对应图像上的一个点，这些对应的点称为像素（Pixel）。像素的颜色等级越多，图像越逼真。

位图适合表现细致、富有层次和色彩丰富、包含大量细节的图像。位图占用的存储空间较大，一般需要进行数据压缩，但是在缩放时清晰度会降低并且会出现锯齿。图 1-27 所示为位图及局部放大后的效果。

图 1-27　位图及局部放大后的效果

影响位图显示质量的因素主要有分辨率和颜色深度。

① 分辨率。分辨率包括屏幕分辨率、图像分辨率和像素分辨率。

屏幕分辨率指某一特定显示方式下，计算机屏幕上最大的显示区域，以水平方向和垂直方向的像素数表示。确定扫描图片的目标图像大小时，要考虑屏幕分辨率。

图像分辨率指数字图像的大小，以水平方向和垂直方向的像素数表示。图像分辨率与屏幕分辨率可能不同。当图像的分辨率与屏幕分辨率相同时，图像刚好充满整个屏幕；如果图像的分辨率大于屏幕分辨率，则屏幕上只能显示该图像的一部分。

像素分辨率指一个像素的长和宽的比例（也称像素的长宽比）。在像素分辨率不同的机器间传输图像时，图像会产生畸变，所以在不同的图形显示方式或计算机系统间转移图像时，要考虑像素分辨率。

② 颜色深度。颜色深度是指位图中每个像素所占的二进制位数。屏幕上的每一个像素都占有一个或多个位，用来存放与它相关的颜色信息。颜色深度决定了位图中出现的最大颜色数。目前颜色深度分别为 1、4、8、24 和 32 等。若颜色深度为 1，则表明位图中每个像素只有一个颜色位，也就是只能表示两种颜色，即黑与白、亮与暗，或其他两种色调（或颜色），这样的图像通常称为单色图像或二值图像。若颜色深度为 8，则每个像素有 8 个颜色位，位图可支持 256 种不同的颜色。自然界中的图像至少有 256 种颜色。如果颜色深度为 24，则位图中每个像素有 24 个颜色位，可有 16 777 216 种不同的颜色，称该位图为真彩色图像。

颜色深度值越大，显示的图像色彩越丰富，画面越自然、逼真，但数据量也会随之增大。

③ 图像文件的大小。图像文件的大小是指在外存上存储整幅图像所占用的空间，单位是字节，它的计算公式为：

图像文件的存储空间=图像分辨率×图像深度/8

其中，图像分辨率=高×宽。高是指垂直方向上的像素个数，宽是指水平方向上的像素个数。例如，一幅 640 像素×480 像素的真彩色图像（24 位）的数据量为 640×480×24/8=921 600 B=900 KB

显然，图像文件所需要的存储空间较大，在应用多媒体应用软件制作图像时，应适当地调整图像的高、宽和深度，并可采用数据压缩技术对文件进行处理以减小图像文件的大小。

（2）模拟图像的数字化

人眼看到的各种图像，如风景、人物、存在于纸介质上的图像、光学图像等都是模拟图像，其图像的亮度变化是连续的。计算机只能处理数字信息，要使计算机能处理图像信息，需要将模拟图像转化为数字图像，这一过程称为模拟图像的数字化。

模拟图像的数字化过程包括下面两个步骤：采样和量化。

采样就是将二维空间上模拟图像的连续亮度信息转化为一系列有限的离散数值，具体做法就是将二维空间上的模拟图像在水平和垂直方向上分割成矩形点阵的网状结构。采样结果是整幅图像画面被划分为由 $m×n$ 个像素点构成的离散像素点集合。

量化就是将亮度取值空间划分成若干个子区间，在同一子区间内的不同亮度值都用这个子区间内的某一确定值代替，这就使取值空间离散化为有限个数值。这个实现量化的过程就是模/数转换过程，相反，把数字数据恢复成模拟数据的过程称为数/模转换过程。

图像的数字化过程使连续的模拟量变成离散的数字量，相较于原来的模拟图像，数字化过程带来了一定的误差，会使图像重现时有一定程度的失真。影响图像数字化质量的主要参数就是前面提到的分辨率和颜色深度。

（3）常见的位图格式

位图格式有很多种，常见的格式包括 BMP 格式、JPEG 格式、GIF 格式、PSD 格式等。

① BMP 格式。BMP 格式是在 Windows 环境中交换与图像有关的数据的一种标准，因此在 Windows 环境中运行的图像软件都支持 BMP 格式，其扩展名为.bmp。BMP 格式可以用多种颜色深度保存图像，根据用户需要可以选择图像数据是否采用压缩形式存放（通常 BMP 格式的图像采用非压缩格式）。

② JPEG 格式。JPEG 格式文件的扩展名为.jpg 或 .jpeg。该格式是常用的图像文件格式，是一种有损压缩格式。使用 JPEG 格式存储图像能够将图像压缩在很小的存储空间内。图像中重复或不重要的数据会丢失，虽然能够大幅压缩图像的存储空间，但也容易造成图像数据的损失。因为 JPEG 格式的文件较小、下载速度快，目前各类浏览器均支持 JPEG 格式。

③ GIF 格式。GIF 格式文件的扩展名为.gif。目前，大多数图像软件都支持 GIF 格式，它特别适用于动画制作、网页制作，以及演示文稿制作等领域。GIF 格式的文件对灰度图像表现最佳，图像文件小，下载速度快。

④ PSD 格式。PSD 格式是 Adobe 公司为图像处理软件 Photoshop 建立的标准文件格式，文件扩展名为.psd。这种格式可以存储 Photoshop 中图片的所有图层、通道、颜色模式等信息。PSD 格式所包含的图像数据信息较多，因此，PSD 格式的图像文件比其他格式的图像文件要大得多。

⑤ TIFF 格式。TIFF 格式文件的扩展名为.tif 或.tiff。该格式是一种通用的位图文件格式，具有图形格式复杂、存储信息多的特点，多用于高清晰度数码照片的存储，所占空间较大。动画制作软件 3ds Max 中的大量贴图就是 TIFF 格式的。

⑥ PNG 格式。PNG 格式是一种新兴的网络图像格式，具有存储形式丰富的特点。

（4）获取位图

位图通常用于创建实际的图像（如照片）。数字照相机和手机可将照片存储为位图，扫描产生的图像也是位图。得到的位图是由一系列表示像素的二进制位进行编码的，可以使用图像软件通过改变单个像素的方式对这类图像进行修改或编辑。

位图可以通过下面的途径获取。

① 用数字照相机或数字摄像机获取数字图像。数字照相机和数字摄像机能直接以数字的形式进行拍摄，并都带有能与计算机相连的标准接口，可以将拍摄的数字图像传输到计算机中进行编辑和保存。

② 使用工具绘制图像。可以利用画图、Photoshop、CorelDRAW 等软件去创作所需要的图像，用这种方法可以很方便地生成一些简单的画面，如图案、标志等。

③ 用数字转换设备或软件获取数字图像。用这种方式可以将模拟图像转换成数字图像。例如，使用截图软件或视频采集卡截取动态视频，得到的一帧视频图像就是一幅画面。使用扫描仪可以将平面图像（如照片、杂志页面或者书上的图片）转化成位图。

④ 从数字图像库中获取图像。目前数字图像库越来越多，它们存储在只读存储光盘（Compact Disc Read-Only Memory，CD-ROM）、磁盘或 Internet 上。图像的内容、质量和分辨率等都可以选择，获取数字图像后可以进行进一步的编辑和处理。

2. 矢量图形

（1）矢量图形的概念

矢量图形也称几何图形或图形，它是用一组指令来描述的图形，这些指令给出构成该画面的所有直线、曲线、矩形、椭圆等的形状、位置、颜色等各种属性和参数。计算机在显示图形时从文件中读取指令并转化为屏幕上显示的图形效果。

由于矢量图形是由点和线组成的，因此文件记录的是图形中每个点的坐标及相互关系。当放大或缩小矢量图形时，图形的质量不受损失。矢量图形占用空间通常较小，基于矢量的图形清晰度与分辨率无关。

矢量图形文件通常具有形如.wmf、.ai、.swf、.svg 之类的文件扩展名。

（2）矢量图形和位图的比较

矢量图形适用于大部分的线条、标志、简单的插图以及可能需要以不同的大小被显示或打印的图表。与位图比较，矢量图形具有如下优缺点。

① 在改变大小时，矢量图形比位图效果更佳。在改变矢量图形的大小时，图中的各个对象会按比例改变从而保持其边缘光滑（见图 1-28）；而位图在放大后，边缘可能会产生锯齿。

图 1-28　不同大小的矢量图

② 矢量图形占用的存储空间通常比位图小。图 1-28 所示的 SWF 格式的文件仅占用 1KB 的存储空间，而同一图像的 BMP 格式的位图的存储空间超过 500KB。当然，矢量图形所占用的存储空间和图形的复杂程度有关。

③ 矢量图形通常不如位图真实。大部分的矢量图形往往具有类似卡通图画的外观，而不是那种从照片中获得的真实外观。

④ 在矢量图形中编辑对象比在位图中更容易。

（3）矢量图形的创建

扫描仪和数字照相机都不能生成矢量图形，我们可以使用如 CorelDRAW、FreeHand 和 Flash 等绘图软件来创建矢量图形。这些软件可以由人工操作进行交互式绘图，或是根据一组或几组数据绘出各种几何图形，并可以对图形的各个组成部分进行缩放、旋转、扭曲和上色等编辑和处理操作。其中，Flash 用于制作在 Web 上流行的矢量图形，创建的矢量图形存储在 SWF 格式的文件中，其图形可以是动态的，也可以是静态的。

1.5.2　数字音频

声音是人们用来传递信息、交流感情的最方便、最熟悉的媒介之一。数字音频指的是表示声音强弱的数据序列，它是由模拟声音经采样、量化和编码后得到的。

1．声音数字化

声音是一种具有一定的振幅和频率、随时间变化的声波。话筒（麦克风）可以将声音转换成电信号，但这种电信号是一种模拟信号，不能由计算机直接处理，需要先对其进行数字化，即将模拟声音信号经过模/数转换而转换成计算机所能处理的数字声音信号，然后利用计算机进行存储、编辑或处理。现在几乎所有的专业化声音录制、编辑都是数字化的。在数字声音回放时，进行数/模转换，将数字声音信号变换为实际的声音信号，经放大后再由扬声器播出。

把模拟声音信号转变为数字声音信号的过程称为声音的数字化，它是通过对声音的模拟信号进行采样、量化和编码来实现的。声音的数字化过程如图 1-29 所示。

声音的模拟信号 → 采样 → 量化 → 编码 → 声音的数字信号

图 1-29　声音的数字化过程

从声音数字化的角度考虑，影响声音质量的因素主要有 3 个，分别为采样频率、采样精度和声道数。下面对它们及音频数据量计算进行介绍。

（1）采样频率

采样频率就是 1 秒内采样的次数。采样频率越高，时间间隔划分越小，单位时间内获取的声音样本数越多，数字化后的音频信号就越好，当然所需要的存储空间也就越大。目前对声音进行采样的 3 个标准采样频率分别为 44.1kHz、22.05kHz 和 11.025kHz。

（2）采样精度

采样过程中每取得一个声波样本，就表示取得一个声音幅度的值。表示采样值的二进制位数称为采样精度，也称量化位数，即每个采样点能够表示的数据范围和精度。量化位数决定采样值的精度。现在一般使用 8 位和 16 位两种量化位数。

对一个采样而言，使用的位数越多，则得到的数字波形与原来的模拟波形越接近，同时需存储的信息量越多，数字音频的音质就越好。

（3）声道数

声道数是指一次采样所产生的声音波形个数，分为单声道和双声道。如果是单声道，则只产生一个声音波形。而双声道（双声道立体声）产生两个声音波形，立体声音色、音质好，但所占用的存储空间成倍增长。

（4）音频数据量计算

通过对上述 3 个影响声音数字化因素的分析，可以得出声音数字化的数据量的计算公式如下：

数据量=采样频率×采样精度×声道数/8×时间

其中，声音数字化的数据量的单位是字节（B）；采样频率的单位是赫兹（Hz）；采样精度的单位是位（bit）；时间的单位是秒（s）。

根据上述公式，用 44.1kHz 的采样频率进行采样，采样精度选择 16 位，录制 1 秒的双声道（立体声）节目，其波形文件所需的数据量如下：

44 100×16×2/8×1=176 400B

2. 数字音频的文件格式

音频数据以文件的形式保存在计算机中。音频文件主要有 WAVE、MP3、RA 和 WMA 等格式。

（1）WAVE 格式

WAVE 格式是一种通用的音频数据文件格式，其文件的扩展名为.wav，即波形文件。WAVE 文件没有采用压缩算法，因此多次修改和剪辑不会失真，而且处理速度相对较快，几乎所有的播放器都能播放 WAVE 格式的音频文件。但其波形文件的数据量比较大，数据量的大小直接与采样频率、采样精度和声道数成正比。

（2）MP3 格式

MP3 格式是按 MPEG 标准的音频压缩技术制作的数字音频文件格式，因此是一种有损压缩格式，它的压缩比可达到 10：1 甚至 12：1。因其压缩率大，它是目前十分流行的网络声音文件格式。一般来说，1 分钟 CD 音质的 WAVE 文件约需 10MB 的存储空间，而经过 MP3 的压缩后可以达到 1MB 左右，且基本保持不失真。

目前所有的媒体播放工具几乎都支持 MP3 格式。

（3）RA 格式

RA 是由 RealNetworks 公司开发的一种具有较高压缩比的音频文件格式，其文件的扩展名为.ra。RA 文件的压缩比可达到 96：1，因此文件占用的存储空间小，适合采用流媒体的方式实现网上实时播放，即边下载边播放。由于其压缩比大，声音失真会比较严重。

（4）WMA 格式

WMA（Windows Media Audio）格式是微软公司推出的与 MP3 格式齐名的一种音频格式，其文件的扩展名为.wma。WMA 文件可以保证在所需的存储空间为 MP3 文件的一半的前提下，保持与之相同的音质。同时，现存的大多数媒体播放工具都支持 WMA 文件。

（5）MIDI 文件

乐器数字接口（Musical Instrument Digital Interface，MIDI），实际上是一种技术规范，是把电子音乐设备与计算机相连的一种标准，是控制计算机与具有 MIDI 的设备进行信息交换的一整套规则。

把一个带有 MIDI 的设备连接到计算机上，就可记录该设备产生的声音，这些声音实际上是一系列的弹奏指令。将电子乐器的弹奏过程以命令符号的形式记录下来，形成的文件就是 MIDI 文件，扩展名是.mid。MIDI 文件中存储的不是声音的波形数据，因此文件紧凑，占用的存储空间较小。

1.5.3　数字视频

从传统意义上讲，以电视、录像等为代表的视频技术属于模拟电子技术范畴。随着计算机多媒体技术的发展，动态视频逐步采用数字技术。视频数据采集和处理是多媒体技术的重要内容之一。

1. 视频

视频是随时间连续变化的一组图像，其中的每一幅图像称为一帧（Frame）。当帧速率达到 12 帧/秒以上时，可以产生连续的视频显示效果。通常视频还配有同步的声音，所以，存储视频信息需要占用巨大的存储空间。

视频分为模拟视频和数字视频两类。早期的电视视频信号的记录、存储和传输都采用模拟方式；后来的 VCD、DVD、数字摄像机、数字电视中的视频信号都属于数字视频范畴。

2. 视频的数字化

数字视频可以通过对模拟视频数字化获得。当视频信号被数字化后，就能实现许多对模拟信号不能实现的处理。例如，不失真地无限次复制，长时间保存且无信号衰减，更有效地编辑、创作和进行特殊效果艺术加工，用计算机播放视频等。

视频数字化和音频数字化过程相似，即在一定的时间内以一定的速度对单帧视频信号进行采样、量化、编码，通过视频捕捉卡或视频处理软件来实现模/数转换、色彩空间变换和编码压缩等。

视频数字化后，如果不对视频信号加以压缩，则数据量根据帧乘以每幅图像的数据量大小来计算。例如，要在计算机中连续显示分辨率为 1024×768 的 24 位真彩色高质量的视频图像，按每秒 24 帧计算，显示 1 分钟，需要的数据存储空间如下：

1024（列）×768（行）×3（B）×24（帧/秒）×60（秒）≈3.2GB

视频图像数据量非常大，这就带来了图像数据的压缩问题。我们可以通过压缩、降低帧速、缩小画面尺寸等方式来减少数据量。

3. 视频的文件格式

（1）AVI 格式

AVI 格式是 Windows 操作系统的标准格式，是 Video For Windows 视频应用程序使用的格式。AVI 格式很好地解决了音视频信息的同步问题，采用有损压缩方式，可以达到很高的压缩比，是目前比较流行的视频文件格式。

（2）MOV 格式

MOV 格式是苹果公司推出的一种音视频文件格式，现在可以在 Windows 环境中使用。由于 MOV 格式采用 Intel 公司的 INDEO 有损压缩技术，以及音视频信息混合交错技术，所以 MOV 格式视频的图像质量优于 AVI 格式的。

（3）MPEG 格式

MPEG 格式是采用 ISO/IEC 颁布的运动图像压缩算法国际标准进行压缩的视频文件格式。MPEG 格式的平均压缩比为 50∶1，最高达 200∶1，该格式质量高、兼容性好。VCD 上的电影、卡拉 OK 的音视频信息就是采用这种格式进行存储的，播放时需要 MPEG 解压卡或 MPEG 解压软件的支持。

（4）流媒体视频格式

互联网的普及和多媒体技术在互联网上的应用，迫切要求有能实时传送视频、音频、计算机动画等媒体文件的技术。在这种背景下，流式传输技术及流媒体应运而生。流媒体是为实现视频信息的实时传送和实时播放而产生的用于网络传输的视频格式，视频流放在缓冲器中，可以边传输边播放。在 Internet 上较为常用的流媒体视频格式有以下 3 种。

① RM 格式。它由 RealNetworks 公司推出，包括 RealAudio（RA）、RealVideo（RV）和 RealFlash（RF）3 种格式。RA 格式用来传输接近 CD 音质的音频数据，RV 格式主要用来在低速率的网络上实时传输活动视频影像，RF 则是一种高压缩比的动画格式。

② QT 格式。它是由苹果公司推出，可用 QuickTime 播出的视频格式，用于保存音频和视频信息，具有先进的音频和视频功能，被包括 mac OS、Windows 在内的所有主流计算机操作系统支持。

③ ASF 格式。它是由微软公司推出的高级流格式。音频、视频、图像、控制命令脚本等多媒体信息可通过 ASF 格式以网络数据包的形式传输，实现流式多媒体内容的发布。

4. 视频获取和编辑

（1）获取数字视频文件

可以通过视频卡和数字摄像机来获取视频文件。利用视频卡可以获取模拟视频输入，把模拟视频信号接到视频卡输入端，经转换成为数字视频图像序列。利用数字摄像机可以直接获取视频数字信号，并保存在数字摄像机存储介质上，然后通过 USB 等接口直接输入计算机。

使用软件制作数字视频是另外一种获取视频的方法。我们可以利用软件来截取 VCD 上的视频片段，获得高质量的视频素材，也可以使用三维动画软件制作视频文件。

（2）数字视频编辑

在对视频信号进行数字化采样后，可以对视频信号进行编辑和加工。例如，可以对视频信号进行删除、复制、改变采样频率、改变视频（音频）格式等操作。

现在的数字视频编辑采用非线性编辑技术。非线性编辑的优势在于使用随机存取设备就可以方便地编辑和安排视频剪辑。但是，视频编辑需要很大的硬盘空间，所以在开始编辑前，要确保计算机硬盘有足够的可用存储空间，且计算机应有超过 2GB 的内存。

当视频的连续镜头被传输到计算机并被存储到硬盘以后，即可使用视频编辑软件来进行视频剪辑，这些软件包括 Premiere、Final Cut Pro、VideoStudio 等。其中，视频软件 Premiere 是功能较强的编辑工具，可以编辑各种视频片断，添加各种特效，实现字幕、图标和其他视频效果，配音并对音频进行编辑调整等。

视频文件的播放需要安装视频播放软件。视频播放软件种类非常多，一些操作系统如 Windows 中的媒体播放器也可播放视频文件。

1.5.4　数据压缩技术

1．数据压缩

数据压缩技术是多媒体技术发展的关键技术之一，是计算机处理语音、静止图像和视频图像数据，进行数据网络传输的重要基础。未经压缩的图像及视频信号的数据量是非常大的。例如，一幅分辨率为 640 像素×480 像素的 256 色图像的数据量为 300KB 左右，数字化标准的电视信号的数据量每分钟约 10GB。这样大的数据量超出了多媒体计算机的存储和处理能力。因此，为了使这些数据能够被存储、处理和传输，必须进行数据压缩。由于语音的数据量较小，且基本压缩技术已成熟，因此目前的数据压缩研究主要集中在图像和视频信号的压缩方面。

2．无损压缩和有损压缩

数据压缩是通过改善编码技术来减少数据存储时所需的空间，当需要使用原始数据时，再对压缩文件进行解压缩。如果压缩后的数据经解压缩后，能准确地恢复为压缩前的数据，则称为无损压缩；否则称为有损压缩。

无损压缩是通过统计被压缩数据中重复数据的出现次数来进行编码的。无损压缩由于能确保解压缩后的数据不失真，一般用于文本数据、程序以及重要图片和图像的压缩。无损压缩比一般为 2∶1～5∶1，压缩比例小，因此不适合实时处理图像、视频和音频数据。典型的无损压缩软件有 WinZip、WinRAR 等。

有损压缩利用人类视觉对图像的某些成分频率不敏感的特性，允许压缩过程中损失一定的数据。虽然不能完全恢复原始数据，但是所损失的部分对理解原始数据的影响极小，却换来了大得多的压缩比。目前国际相关组织已经联合制订了两个压缩标准，即 JPEG 和 MPEG 标准。

3．JPEG 和 MPEG

联合图像专家组（Joint Photographic Experts Group，JPEG）标准适用于连续色调和多级灰度的静态图像。对单色和彩色图像的压缩比通常分别为 10∶1 和 15∶1。常用于 CD-ROM、彩色图像传真和图文管理，多数 Web 浏览器支持 JPEG 格式。

运动图像专家组（Moving Picture Experts Group，MPEG）标准不仅适用于运动图像，也适用于音频信息，它包括 MPEG 视频、MPEG 音频、MPEG 系统（视频和音频的同步）3 部分，MPEG 视频是 MPEG 标准的核心。MPEG 已发布了 MPEG-1、MPEG-2、MPEG-4、MPEG-7 和 MPEG-21 等多种标准。

思考与练习

1. 计算机的发展经历了哪几个阶段？各阶段的主要特征是什么？

2. 计算机的类型有哪些？

3. 简述计算机的应用领域。

4. 什么是基数？什么是位权？

5. 简述二进制数、八进制数、十进制数以及十六进制数相互转换的方法。

6. 什么是 ASCII？

7. 说明图像数字化的过程。如何估算数字化后图像文件的大小？

8. 什么是矢量图形？什么是位图？两者有什么区别？

9. 音频文件格式有哪些？

10. 常用的流媒体视频格式有哪些？各有什么特点？

11. 有损压缩和无损压缩的主要区别是什么？

第2章
计算机系统

随着计算机技术的飞速发展及其在社会各个领域中的广泛应用，计算机已经成为人们工作与生活中不可缺少的重要工具之一。为了使其更好地服务人们的工作与生活，也为了读者更好地理解和全面掌握计算机系统的组成和工作原理十分重要，本章对如下内容进行较为详细的介绍：

- 计算机系统结构；
- 计算机工作原理；
- 微型计算机硬件系统；
- 计算机软件系统。

2.1　计算机系统结构

2.1.1　计算机系统组成

计算机系统主要由硬件（Hardware）系统和软件（Software）系统两大部分组成。硬件是指能看得见、摸得着的实际物理设备，如通常我们看到的计算机，总会有机柜或机箱，里边是各式各样的电子元器件，还有键盘、鼠标、显示器和打印机等外部设备，这些都是硬件，它们是计算机工作的物质基础。软件是一系列按特定顺序组织的计算机数据和指令的集合。计算机软件包括计算机本身运行所需要的系统软件和完成用户任务所需要的应用软件。计算机系统的基本组成如图 2-1 所示。

图 2-1 计算机系统的基本组成

2.1.2 冯·诺依曼计算机

计算机自诞生以来发展迅速，现代计算机在性能指标、运算速度、工作方式、应用领域等方面都发生了很大的变化，但是计算机的基本结构没有改变，依然属于冯·诺依曼结构计算机。

1. 冯·诺依曼思想

1945 年，著名美籍匈牙利数学家冯·诺依曼提出了一个完整的通用电子计算机的设计方案。在该方案中，冯·诺依曼总结并提出了如下思想。

（1）计算机应包括运算器、控制器、存储器、输入设备和输出设备等基本部件。

（2）计算机内部采用二进制来表示指令和数据。每条指令一般具有一个操作码和一个地址码。其中，操作码表示运算性质，地址码指出操作码在存储器中的地址。

（3）将编写好的程序送入内存，然后启动计算机工作，无须操作人员干预，计算机就能自动逐条读取指令和执行指令。

2. 冯·诺依曼结构

按照冯·诺依曼思想，计算机的硬件由运算器、控制器、存储器、输入设备和输出设备五大部分组成, 其中, 运算器和控制器一起构成了计算机的大脑, 即 CPU(Central Processing Unit, 中央处理器)。采用冯·诺依曼思想的计算机结构称为冯·诺依曼结构, 其结构框图如图 2-2 所示。

图 2-2　计算机结构框图

在图 2-2 中, 双线箭头代表数据信号流向, 传输的是指令、地址、数据; 单线箭头代表控制信号流向, 传输的是控制器发出的控制信号。根据数据流方向可以看出计算机的工作流程可以分为输入、处理、输出 3 个过程。首先, 计算机将完成任务所需的程序和数据通过输入设备送入计算机内存中; 然后, CPU 从内存中取出指令, 通过分析后发出控制信号指挥各个部件协调处理; 最后通过输出设备输出处理结果。

下面分别介绍冯·诺依曼结构计算机硬件系统各个核心部件的功能。

2.1.3　硬件系统核心部件

计算机硬件系统的核心部件包括运算器、控制器、存储器、输入设备、输出设备。运算器和控制器合在一起组成 CPU。

1. 中央处理器

中央处理器是计算机中最重要的部件, 计算机中的各种运算和控制都由中央处理器来完成。中央处理器内部结构从总体上来看主要包括三大部分: 运算器、控制器和寄存器, 如图 2-3 所示, 它们通过 CPU 内部总线连接在一起。

（1）运算器

运算器是对数据进行加工处理的部件, 它在控制器的控制下与内存交换数据, 负责进行算术运算、逻辑运算和其他操作。运算器中含有用于暂时存放数据或结果的寄存器。

运算器主要由算术逻辑部件（Arithmetic Logic Unit，ALU）、内部寄存器（包括标志寄存器、通用寄存器和专用寄存器组）及内部总线 3 部分组成, 其核心是算术逻辑部件。算术逻辑部件执行的基本操作包括加、减、乘、除等算术运算, 与、或、非等逻辑运算, 以及移位、求补等运算。

图 2-3　CPU 的基本结构

（2）控制器

控制器是整个计算机系统的指挥中心，负责完成指令的分析、指令及操作数的传送，并根据指令的要求，有序、有目的地向各个部件发出控制信号，使计算机的各个部件协调一致地工作。

控制器的主要功能是取指和控制指令执行。由于指令和数据都存储在内存中，因此，执行指令的第一步是从内存中读出指令，即取指。然后，由控制器根据指令的含义和控制器的状态将指令送入运算器执行。执行中要用到的操作数及最终的运算结果也由控制器通过总线送入内存存放。

（3）寄存器

按寄存器的字面意思，可将其理解为用于暂时存放数据的小容量、高速度的存储部件。这里的"数据"是广义的，它可以是参加运算的操作数或运算的结果，存放这类数据的寄存器称为通用寄存器；另一类"数据"表示计算机当前的工作状态，存放这类数据的是专用寄存器，如指令寄存器、状态寄存器、程序计数器等。其中，程序计数器存放指令的地址，当前指令执行完毕后，程序计数器会自动指向下一条要执行的指令。指令寄存器存放从内存中取出的指令。

2. 存储器

存储器是计算机的记忆装置，主要用来保存数据和程序，因此存储器具有存数和取数的功能。存数是指向存储器里"写入"数据；取数是指从存储器里"读取"数据。读/写操作统称为对存储器的访问操作。

（1）存储器的结构

存储器的结构可以表示为一个 n 行 m 列的矩阵，如图 2-4 所示。其中的每一格用于存储一位二进制数。存储器的每一行称为一个"存储单元"，每个存储单元存放一个 8 位二进制数，8 位二进制数有其固定的长度单位——字节（Byte）。存储器容量用存储器中含有的存储单元的个数来表示，以字节为单位，每个字节包含 8 个二进制位（bit）。

存储器中每个存储单元都有唯一的编号，称为存储单元地址，地址从 0 开始顺序编排。在对存储单元进行访问时，首先应提供存储单元的地址，然后才能存取相应的存储单元中的信息。

图 2-4　存储器的结构

（2）地址位数与存储单元数量的关系

计算机中的数据全部是以二进制表示的，存储单元的地址也是二进制数。在不同的计算机中，用于表示存储单元地址的二进制数的位数可能不同。如果用 n 位二进制数作为地址，就会有 2^n 个不同的地址编码，也就可以标识 2^n 个不同的存储单元。因此，存储单元地址的位数与存储器存储单元的数量存在关联。

如果某个计算机用 32 位二进制数作为地址，则该计算机的存储器最多可以有 2^{32} 个存储单元，即存储空间为 4GB。

3. 输入设备与输出设备

输入设备用于接收用户输入的原始数据和程序，并将它们转换为计算机能够识别的形式存放在内存中。常见的输入设备有键盘、鼠标、扫描仪等。

输出设备用于将存放在内存中并经计算机处理的结果输出。常见的输出设备有显示器、打印机、绘图仪等。

输入设备与输出设备统称为 I/O 设备。

2.2　计算机工作原理

计算机的工作过程是执行程序的过程，程序是指令的集合。如何组织程序，这个问题涉及计算机体系结构。现在的计算机都是基于"程序存储"概念设计制造出来的。

2.2.1　指令与指令系统

1. 指令

指令是能被计算机识别并执行的二进制代码，它规定了计算机能完成的某一种操作。中央处理器的运算器只能完成基本的算术运算、逻辑运算以及移位、求补等操作，对于求解比较复杂问题，在运算前需要将其转换成若干个基本操作步骤。中央处理器能执行的每一种基本操作称为一条指令，这些指令称为机器指令。

指令的数量与类型由中央处理器决定。系统内存用于存放被执行的程序和数据，程序由一系列指令组成，这些指令在内存中是有序存放的，指令号表明了它的执行顺序。什么时候执行哪一条指令由中央处理器中的控制单元决定。数据是需要处理的信息，包括用户的具体数据和这个数据在内存中的地址。

一条指令通常由如下两部分组成。

操作码	地址码

操作码用于指明该指令要完成的操作的类型或性质，如取数、做加法或输出数据等。地址码用于指明操作对象的内容或所在的存储单元地址。

2. 指令系统

一台计算机的所有指令的集合，称为该计算机的指令系统。不同类型的计算机，指令系统的指令条数有所不同。但无论是哪种类型的计算机，指令系统都应具有以下指令。

（1）数据传送指令：将数据在内存与中央处理器之间进行传送。

（2）数据处理指令：对数据进行算术、逻辑或关系运算。

（3）程序控制指令：控制程序中指令的执行，如条件转移、无条件转移、调用子程序、返回、停机等。

（4）输入输出指令：用来实现外部设备与主机之间的数据传输。

（5）其他指令：对计算机的硬件进行管理等。

3. 程序

利用计算机解决问题时，需要明确地定义解决问题的步骤，这就需要对计算机发布一系列指令，这些指令的集合称为程序。目前，大部分程序都采用高级语言编写。采用高级语言编写的程序需要翻译成中央处理器能够执行的机器指令，这些机器指令按照程序设定的顺序依次执行，完成一系列对应的操作。

2.2.2　计算机基本工作原理

冯·诺依曼思想最重要的一点在于明确提出了"程序存储"的概念，计算机的工作原理就是基于"程序存储"思想的。

1. 计算机的工作过程

下面通过一个简单的计算过程说明计算机的基本工作原理。

假设要输入两个初始数据（如5和3），计算它们的和并输出结果。首先，用一种高级程序设计语言（如 C 语言）编写如下一个名为 Test.c 的源程序文件。

```
main()
{int a, b, c;
 scanf("%d %d", &a, &b);
 c=a+b;
 printf("%d", c);
}
```

然后，用 C 语言将程序编译为目标程序（文件名为 Test.obj）。最后，连接装配成可执行的机器语言程序，并在内存中执行。在执行时，计算机指令依次完成如下操作。

（1）从键盘读入初始数据 5 和 3，分别存储到由变量名称 a 和 b 所代表的存储单元。

（2）从变量名称 a 和 b 所代表的存储单元中读取数据 5 和 3，相加得到结果 8，并将结果 8 保存到由变量名称 c 所代表的存储单元中。

（3）从由变量名称 c 所代表的存储单元中读取结果 8，并在屏幕上显示输出。

如前所述，通常每一条指令都包含操作码和地址码两部分。假设取数指令的操作码为 0010，数 5 存放在存储器的 0001 存储单元中，那么第一条指令应为 00100001。其余的指令也有类似的形式。

将可执行的程序存入计算机，计算机会记下程序的起始地址。运行这个程序时，计算机首先将该程序的起始地址送入指令计数器（Instruction Counter），控制器按照指令计数器中的地址从内存中取出指令并送入指令寄存器（Instruction Register）。计算机分析指令寄存器中的操作码部分，确定应完成什么操作。然后由操作命令产生部件按照一定顺序发出控制信号，控制有关部件完成规定操作。在完成一条命令的过程中，当指令计数器送出上一条指令的地址后会自动将指令计数器中的内容加 1，准备好下一条指令的地址。这样一来，计算机就自动逐条读取指令、分析指令、执行指令，直到该程序的指令全部执行完毕。程序的执行流程如图 2-5 所示。

图 2-5　程序的执行流程

2. 计算机的基本工作原理

根据对上述程序执行流程的分析可知，计算机的基本工作原理如下。

（1）计算机自动计算或处理的过程实际上是执行预先存储在计算机里的一段程序的过程，即计算机是由程序控制的，程序是由人编写的。当然，编写程序所采用的语言可以不同。

（2）计算机程序是指令的有序序列，执行程序的过程实际上是依次逐条执行指令的过程。

（3）指令的执行是由计算机硬件实现的。每一条指令的实现都执行读取指令、分析指令和执行指令3个步骤，并为读取下一条指令做好准备。

2.3　微型计算机硬件系统

微型计算机是由大规模集成电路组成的、体积较小的电子计算机，是日常工作和生活中最为常见的计算机，微型计算机的硬件系统在物理上可以看作由主机和外部设备组成，如图2-1所示。

目前，微型计算机大多采用总线结构，以总线为核心将中央处理器、存储器、输入输出设备连接在一起。

2.3.1　微型计算机硬件系统的组成

在逻辑上，微型计算机硬件系统由运算器、控制器、存储器、输入设备和输出设备五大部件组成；在物理上则包括主板、中央处理器、内存、外存（如硬盘、光盘）、输入设备（如键盘、鼠标）、输出设备（如显示器、打印机），及其他物理部件。

1. 主板

主板安装在主机箱内（图 2-6 所示为台式计算机主机箱内部结构）。主板又称系统主板（System Board），如图 2-7 所示，主要由线路板和上面安装的各种元器件组成。主板是微型计算机最基本、最重要的部件之一。主板主要包括中央处理器插槽、内存插槽、扩展插槽、各种接口、BIOS 芯片、CMOS 芯片等。有些主板还集成了显卡、声卡、网卡等适配器。

图 2-6　主机箱内部结构

图 2-7　主板

（1）中央处理器插槽：用于固定、连接中央处理器。由于集成化程度和制造工艺不断提高，越来越多的功能被集成到中央处理器上。不同品牌和类型的中央处理器采用不同的接口，目前主流的中央处理器接口类型有 Socket 和 LGA 等。

（2）内存插槽：主板给内存预留的专用插槽，主板所支持的内存种类和数量都由内存插槽决定。只需使用与内存插槽类型匹配的内存条，就可以实现内存的扩充。184 针和 240 针双列直插式内存组件（Dual In-line Memory Modules，DIMM）是目前较为常见的一种内存插槽。图 2-8 所示为 DDR3、240 针的内存条。

图 2-8　内存条

（3）扩展插槽：扩展插槽可以插入许多标准选件，如显卡、声卡、网卡等，以扩展微型计算机的各种功能。将选件插入扩展插槽后，就可以通过系统总线与 CPU 连接，在操作系统的支持下实现即插即用。目前扩展插槽主要有 PCI 和 PCI-E 等。PCI 插槽可插接显卡、声卡、网卡、电视卡、视频采集卡以及其他种类繁多的扩展卡。目前，PCI-E 插槽已经全面替换了上一代的 PCI 插槽和 AGP 插槽，它的主要优势就是数据传输速率高，能满足人们使用高速设备的需求。

（4）BIOS 芯片：即基本输入输出系统（Basic Input/Output System，BIOS）芯片，是主板的核心，它保存着计算机系统中的基本输入输出程序、系统信息设置、自检程序和系统启动自举程序。BIOS 负责从计算机开始加电到完成操作系统引导之前的各个部件和接口的检测及运行管理。现在主板的 BIOS 还具有电源管理、中央处理器参数调整、系统监控、病毒防护等功能。常见的 BIOS 芯片有 AWAR、AMI 等。

（5）SATA 接口：SATA 接口是存储器接口，主要连接硬盘和光驱。目前 SATA 接口已经取代传统的 IDE 接口，成为主流的接口。

（6）外部接口：接口是指计算机系统中，在两个硬件设备之间起连接作用的逻辑电路。接口的功能是在各个组成部件之间进行数据交换。主机与外部设备之间的外部接口称为输入输出接口，如图2-9所示。

图 2-9　外部接口

① 显示器接口：VGA、DVI 和 HDMI 都是显示器接口，用于连接显示器。VGA 用于传输模拟信号，DVI 和 HDMI 用于传输数字信号。

② 通用串行总线（Universal Serial Bus，USB）接口：它是一种即插即用型接口，用于连接各种外部设备。USB 接口的使用十分灵活、方便，被广泛地应用于个人计算机和移动终端等设备。

③ 网络接口：典型的网络接口是 RJ-45 以太网接口，用于连接局域网或互联网，传输速率有10Mbit/s、100Mbit/s 或 1000Mbit/s 等几种，网络接口可以自适应网络设备的速度。

④ 键盘和鼠标接口：又称 PS/2 接口，用于连接键盘和鼠标。采用颜色标识，紫色或蓝色用于连接键盘，绿色用于连接鼠标。

⑤ 串行和并行接口：传统的 COM 串行接口主要用于连接鼠标、外置调制解调器（Modem）等外部设备，LPT 并行接口主要用于连接打印机等设备。目前，这两个接口已经基本被 USB 接口所取代。

2. **中央处理器**

中央处理器是微型计算机系统的核心部件，负责计算机系统中的数值运算、逻辑判断、控制分析等核心工作。中央处理器性能的高低直接影响微型计算机的性能。中央处理器的内部结构可以分为运算器、控制器和寄存器。图 2-10 所示为 Intel 公司发布的酷睿 i7 中央处理器。

为了提高中央处理器的性能，多核技术和超线程技术越来越多地应用在不同类型的中央处理器中。多核指的是在一个处理器中集成两个或多个完整的计算内核。在仅支持单中央处理器的主板上，使用多核中央处理器可以显著地提高运算速度。

图 2-10　酷睿 i7 中央处理器

超线程（Hyper Threading，HT）技术就是利用特殊的硬件指令，把两个逻辑内核模拟成两个物理芯片，让单个处理器都能使用线程级并行计算，进而兼容多线程操作系统和软件，以减少中央处理器的闲置时间、提高中央处理器的运行效率。

3. 存储系统

计算机技术的发展，使存储器的地位得到不断的提升，系统由最初以运算器为核心逐渐转变为以存储器为核心。这就对存储器技术提出了更高的要求，不仅要使每一类存储器具有更高的性能，还希望通过硬件、软件或软硬件结合的方式将不同类型的存储器组合在一起，从而获得更高的性价比。存储系统和存储器是两个不同的概念。

（1）存储器分类

① 根据存储器所在的位置分类

根据存储器所在的位置，可将存储器分为两种类型：一种是主机中的存储器，即内存，用于存放正在运行的数据和程序，属于临时性存储器；另一种是计算机外部设备的存储器，即外存，用来存放暂时不使用的数据和程序，属于永久性存储器。

内存又称为主存（主存储器），其存取速度较快，存储容量小，内存直接与中央处理器相连，是计算机中主要的工作存储器。

外存的存取速度较慢，但存储容量很大，不能被中央处理器直接访问，计算机执行程序和加工处理数据时，需要先将外存中的信息送入内存后才能使用，即计算机通过内存与外存不断地交换数据的方式使用外存中的信息。常见的外存有硬盘、光盘等。

② 根据存储器是否可写入分类

根据存储器是否可写入，可将存储器分为两种类型：随机存储器、只读存储器。

a. 随机存储器（Random Access Memory，RAM）也称读/写存储器。RAM 中存储当前使用的程序、数据、中间结果和与外存交换的数据，中央处理器可以根据需要直接读/写 RAM 中的内容。RAM 有两个主要特点：一是其中的信息随时可以读出，也可以写入；二是加电使用时其中的信息完整无缺，而一旦断电（关机或意外掉电），RAM 中存储的数据就会丢失，而且无法恢复。

b. 只读存储器（Read-Only Memory，ROM）中的信息只能被中央处理器随机读取，不能由中央处理器任意写入，也就是只能做读出操作而不能进行写入操作。ROM 中的信息是在制造时由生产厂家或用户用专门的设备写入固化的。ROM 常用来存放固定不变、重复执行的程序，如基本输入输出程序，即 BIOS 程序等。ROM 中存储的内容是永久性的，即使关机或意外掉电也不会消失。随着半导体技术的发展，已经出现了多种形式的 ROM，如可编程只读存储器（Programmable Read-Only Memory，PROM）、可擦可编程只读存储器（Erasable Programmable Read-Only Memory，EPROM），以及掩模式只读存储器（Mask Read-Only Memory，MROM）等，我们可以通过特殊的手段改变其中的内容。

（2）存储系统

常见的存储系统有两类：一类是由内存和高速缓冲存储器构成的存储系统，另一类是由内存和外存构成的虚拟存储系统。前者的主要目标是提高存储器的存取速度，后者则主要是为了增加存储器的存储容量。

高速缓冲存储器一般由高速静态存储器组成，存取周期一般在几纳秒以下，存储容量在几百 KB 至几 MB 之间，价格较高。内存一般由动态存储器组成，存储周期为几十纳秒，存储容量一般为几百 MB，价格比高速缓冲存储器低。

虚拟存储系统由内存与外存（一般为磁盘存储器）构成。虚拟存储系统在操作系统的支持下将内存和外存视为一个整体，用软硬件相结合的方法进行管理。程序员能够对内存、外存进行统一编址，这样一来，就形成了一个很大的地址空间，即虚拟地址空间，它比实际内存的存储容量大得多。

现代微型计算机的存储系统如图 2-11 所示，整个系统可分为 5 层，第一层是位于微处理器内部的通用寄存器组，用于暂存中间运算结果及特征信息，严格地讲，它不属于存储器的范畴；第二层是高速缓冲存储器，在目前的微机系统中，高速缓冲存储器通常有两级，都集成在微处理器芯片内部；第三～五层分别为主存储器、联机外存储器、脱机外存储器。在图 2-11 所示的存储系统中，由上层到下层，存储容量越来越大，但存取速度越来越慢。

图 2-11　微型计算机的存储系统

（3）内存

内存也称为主存（Main Memory），用于暂时存放中央处理器正在运行的程序及数据，内存运行速度较快，容量相对较小，内存是可以与中央处理器直接进行信息交换的存储器。

① 内存的基本操作

中央处理器对内存的操作有如下两种。

a. 读操作：中央处理器将内存单元中的内容取到中央处理器内部。

b. 写操作：中央处理器将其内部信息传送到内存单元并保存起来。

显然，写操作改变了被写单元中的内容，而读操作不改变被读单元中的内容。

当要对内存中的内容进行读/写操作时，来自地址总线的存储器地址经地址译码器译码后，选中指定的存储单元，而读/写控制电路根据读/写命令实施对内存的存取操作，数据总线则用来传送写入内存或从内存读出的信息，如图 2-12 所示。

图 2-12　内存的读/写操作

这里重点介绍高速缓冲存储器的作用。高速缓冲存储器（Cache）是一种高速、小容量的存储器，集成在中央处理器内部。在中央处理器与内存的信息交换过程中，中央处理器的存取速度很快而内存的存取速度相对较慢，为了解决它们之间存取速度不匹配的问题，稍早的现代计算机在中央处理器和内存之间设置了一种可以高速存取信息的存储装置，即 Cache；现在的计算机将 Cache 集成到中央处理器中。Cache 的容量一般只有内存的几百分之一，但它的存取速度能与中央处理器匹配。中央处理器读取程序和数据时先访问 Cache，若 Cache 中已经存在要访问的程序和数据，则直接高速读取；若没有，则再去内存读取。中央处理器、内存、Cache 三者之间的访问关系如图 2-13 所示。

图 2-13　中央处理器、内存、Cache 三者之间的访问关系

② 存储容量

存储器可容纳的二进制信息量称为存储容量。内存储器是由若干存储单元构成的，每个存储单元是一个字节（8 个二进制位），因此度量存储容量的基本单位就是字节。此外，常用的存储容量单位还有 KB、MB、GB、TB 和 PB。它们之间的换算关系可表示为（2^{10}=1024）：

1KB=1024B；

1MB=1024KB；

1GB=1024MB;

1TB=1024GB;

1PB=1024TB。

③ 存取时间

存储器的存取时间是指从启动一次存储器操作，到完成该操作所经历的时间。一般是从发出读信号开始，到发出通知中央处理器读出数据已经可用的信号为止的时间。存取时间越短越好，目前内存的存取时间为几十纳秒（10^{-9}秒）至几微秒（10^{-6}秒）。

（4）外存

外存虽然也安装在主机箱中，但它属于外部设备。原因是它与中央处理器不能直接进行信息交换，而必须通过一个中间设备（接口电路）进行。中央处理器只能直接访问内存中的数据，外存中的数据需要先载入内存，才能被中央处理器访问和处理，因此，外存也称为辅存。外存的主要特点是：存储容量大，存取速度相对内存要慢很多，但存储的信息很稳定，无须电源支撑，系统关机后信息依然可保存。

根据存储原理的不同，外存又分为磁介质存储器（软盘、硬盘）、光介质存储器（光盘）和闪存盘（U盘）等。

① 硬盘

a. 硬盘的物理结构

硬盘是计算机主要的存储设备之一，微型计算机安装的硬盘大多属于温彻斯特硬盘，简称"温盘"。硬盘由一个或者多个铝制（或者玻璃制）的盘片组成，盘片外覆盖铁磁性材料，利用磁性粒子来记录0和1。硬盘内部的物理结构如图2-14所示，主要是由磁盘盘片和读/写磁头组（磁头可以沿磁盘径向移动）组成。

温彻斯特硬盘的主要特点是将盘片、磁头、电机驱动部件乃至读/写电路等制成一个不可随意拆卸的整体，并密封起来，所以防尘性好、可靠性高、对外界环境要求不高。硬盘有很大的存储容量，通常以GB或TB为单位。

b. 硬盘的逻辑结构

硬盘的逻辑结构如图2-15所示。盘片的正反两面通常都能记录信息，且都各有一个磁头进行读/写操作。读/写磁头安装在磁头支架上，磁头支架在特殊的电机驱动下来回移动。当盘片旋转时，读/写磁头就可以访问整个盘片。盘片在高速旋转时会带动盘片表面的空气，空气作用在磁头上产生一个浮力使读/写磁头与盘面之间保持一个极微小的距离。这样一来，既可有效进行读/写操作，也不会磨损盘面。

磁盘在格式化时被划分成许多同心圆，这些同心圆轨迹称为磁道（Track）。磁道由外向内从0开始顺序编号。硬盘上的每个磁道被等分成若干段，每段称为一个扇区，扇区从1开始编号。硬盘的读/写是以柱面的扇区为单位的，柱面就是整个盘体中所有磁盘面的半径相同的同心磁道。硬盘的写操作，是指先写满一个扇区，再写同一柱面的下一个扇区，直到写满一个柱面，读/写磁头才会移动到别的磁道上。

图 2-14　硬盘内部的物理结构

图 2-15　硬盘的逻辑结构

c. 硬盘接口

早期的 IDE 硬盘使用 ATA 接口，ATA 接口是并行的。2001 年，SATA 1.0 标准发布，SATA（Serial ATA）采用串行方式传输数据，SATA 接口不仅大大提高了数据传输速率，也提高了数据传输的可靠性。SATA 接口还具有结构简单、支持热插拔等优点。SATA 接口技术还在不断发展，目前，SATA 3.0 已经成为主流接口。图 2-16 所示为 SATA 硬盘接口。

图 2-16　SATA 硬盘接口

② 光盘

光盘是用光学的方式进行信息读/写的辅助存储器，呈圆盘状，与磁盘类似，需要与光盘驱动器配合使用。

a. 光盘存储原理

根据性能的不同，光盘可分为 3 类。不同种类的光盘，存取原理也有所不同。

第 1 类是只读存储光盘（Compact Disc Read-Only Memory，CD-ROM）。与 ROM 类似，光盘中的数据是由生产厂家预先写入的，用户只能读取而无法修改其中的数据。

第 2 类是一次性写入光盘。用户可以将数据写入这类光盘，但只能写入一次。一旦写入，可进行多次读取。

第 3 类是可擦除型光盘，其存储功能与磁盘相似，用户可以多次对其进行读/写操作。

CD-ROM 的盘片上有一层可塑材料。写入数据时，通过高能激光束照射光盘片，在可塑层上灼出极小的坑，并以小坑的有无表示 "0" 和 "1"。当数据全部写入光盘之后，再往可塑层上喷镀一层金属，之后便不能再次写入了。在读取时，用低能激光束入射光盘，利用盘片表面上的小坑和平面处反射情况来区分 "0" 和 "1"。图 2-17 所示为 CD-ROM 的数据存放方式。

图 2-17　CD-ROM 的数据存放方式

光盘的中心是导入区（Lead In），是数据开始记录的位置；然后是目录区，它记载了文档目录及结构的信息；光盘的数据区紧邻目录区，由中心向外以螺旋状方式放置；一旦数据记录完毕，CD-ROM 压制器就会在其数据圈外加上一个导出区（Lead Out）数据轨，结束数据的读/写操作。

当要读取数据时，激光读取头会从中心往外移动。首先在目录区中找到文档的位置，然后以对应的距离搜寻指定的文档数据。

b. 光盘的特点

首先，光盘不怕磁性干扰，所以光盘比磁盘更可靠；其次，光盘的存取速度高；最后，光盘的价格低廉。但光盘也具有存储容量小、不易携带等缺点。

③ 闪存盘

闪存盘俗称 U 盘，是一种半导体移动存储设备，可用于存储数据文件，以及在计算机间方便地交换数据。闪存盘采用闪存存储介质和 USB 接口，具有轻巧精致、使用方便、便于携带、容量较大、安全可靠等特点。由于闪存盘采用 USB 接口，因此其读/写速度较快。闪存盘的外观如图 2-18 所示。

图 2-18　闪存盘的外观

目前大部分操作系统都支持闪存盘的即插即用，不需要另外安装驱动程序。

④ 移动硬盘

移动硬盘就是可移动的硬盘，强调便携性。移动硬盘大多采用硅氧盘片，这是一种比铝更为坚固耐用的盘片材质，并且具有更大的存储容量和更高的可靠性。移动硬盘以高速、大容量、轻巧便携等优点赢得了许多用户的青睐。移动硬盘大多采用 USB、IEEE 1394 接口，能以较高的存取速度与系统进行数据传输。

4. 输入设备

输入是指利用某种设备将数据转换成计算机可以接收的编码的过程，在输入时所使用的设备称为输入设备。现在的输入设备种类很多，这里只介绍常用的键盘和鼠标。

（1）键盘

键盘是计算机最常用的一种输入设备，它实际上是组装在一起的一组按键矩阵，当按某一键时就产生与该键对应的二进制代码，并通过接口送入计算机，同时将按键字符显示在屏幕上。目前我们常用的 104 键标准键盘如图 2-19 所示。

图 2-19　104 键标准键盘

除标准键盘外，还有各类专用键盘，它们是专门为某种特殊应用而设计的。例如，银行计算机管理系统中供储户使用的键盘，按键为数不多，只是为了输入储户标识码、口令和选择操作之用。

（2）鼠标

鼠标按连接方式可以分为有线鼠标和无线鼠标（见图 2-20），传统的有线鼠标采用 PS/2 接口，目前多采用 USB 接口。鼠标还可以按工作原理及其内部结构分为普通光电鼠标、激光鼠标、蓝影鼠标等。

5. 输出设备

输出设备的任务是将信息传送到中央处理器之外的介质上，即将存放在内存中的结果输出。这些介质可分为硬拷贝和软拷贝两大类。下面介绍显示器和打印机等常用输出设备。

（1）显示器

显示器也称监视器，如图2-21所示，是最常用的计算机输出设备，也是人机交互必不可少的设备。

图 2-20　鼠标　　　　　　　　图 2-21　显示器

① 显示器的分类

可用于计算机的显示器有许多种，如阴极射线管（CRT）显示技术显示器、液晶显示器（LCD）和发光二极管（LED）技术显示器，阴极射线管显示技术显示器已经逐步被淘汰。LCD 和 LED 为平板式，体积小、重量轻、功耗低，是目前常见的显示器类型。

② 显示器的主要特性

在选择和使用显示器时，应该先了解显示器的主要特性，如分辨率、灰度、尺寸等。

a. 分辨率。屏幕上图像的分辨率或者说清晰度取决于能在屏幕上独立显示的小方块的边长，这种独立显示的小方块称为像素。目前微型计算机上广泛使用的显示器的像素边长为 0.28mm。一般来讲，相同的显示面积中的像素越多，分辨率越高，显示效果就越好。

通常，整个屏幕上像素的数目（列数×行数）也间接反映了分辨率。通常分类如下：低分辨率为 300 像素 ×200 像素左右；中分辨率为 600 像素 ×350 像素左右；高分辨率为 640 像素 ×480 像素、1024 像素 ×768 像素和 1280 像素 ×1024 像素等。

b. 灰度。灰度表示光点亮度的深浅变化层次，可以用颜色表示。灰度和分辨率决定了显示图像的质量。

c. 尺寸。显示器的尺寸通常有 14 英寸、15 英寸、17 英寸、19 英寸和 21 英寸（1 英寸=2.54 厘米）等。

（2）显卡

显卡又称显示适配器，它用于将计算机系统的数字信号转换成模拟信号并通过显示器显示出来。同时，显卡具有图像处理能力，可协助中央处理器工作，提高计算机系统整体的运行速度。

显卡分为集成显卡和独立显卡。集成显卡是将显示芯片、显存及相关电路都集成在 CPU 中，成本较低，但其显示效果与性能也相对较弱，且固化在主板上，不能单独更换；独立显卡是将显示芯片、显存及相关电路单独集成在一块电路板上，作为一块独立的板卡存在，需要占用主板的扩展插槽。独立显卡具有独立显存，不占用系统内存，在性能上优于集成显卡，也更容易进行显卡的硬件升级，但其功耗较大、成本较高。

（3）打印机

打印机是用于将计算机系统处理的结果打印在特定介质上的设备。

按打印机印字过程所采用的方式，打印机可分为击打式打印机和非击打式打印机两种。击打式打印机利用机械动作将活字压向打印纸和色带进行印字。由于击打式打印机依靠机械动作实现印字，因此工作速度不快，并且工作时噪声较大。非击打式打印机种类繁多，有静电式打印机、热敏式打印机、喷墨式打印机和激光式打印机等，打字过程无机械击打动作，速度快、无噪声。

按字符形成过程，打印机可分为全字符式打印机和点阵式打印机。全字符式打印机打印出的一个字符通过一次击打形成。点阵式打印机打印出的字符以点阵形式出现，所以点阵式打印机可以打印特殊字符（如汉字）和图形，其印字质量的高低取决于组成字符的点数。

按工作方式，打印机又可分为串行打印机和行式打印机。串行打印机是逐字打印成行的；行式打印机则是一次输出一行，因此其打印速度比串行打印机快。

此外，还有具有彩色打印效果的彩色打印机。

目前使用较多的是击打式点阵打印机、喷墨式打印机和激光式打印机。

① 击打式点阵打印机。击打式点阵打印机如图 2-22 所示，利用打印针按字符的点阵打印出字符，每一个字符由 m 行×n 列的点阵组成，其打印过程如图 2-23 所示。击打式点阵打印机常以打印头的针数来命名，常用的有 9 针、24 针击打式点阵打印机，24 针击打式点阵打印机可以打印出质量较高的汉字，是目前使用较多的击打式点阵打印机。

图 2-22　击打式点阵打印机　　　　图 2-23　点阵字符 "P" 的打印过程

击打式点阵打印机通过将打印针弹出撞击色带到纸张上的方式打印图形，它一般应用于办公场合，如打印票据、单据等。击打式点阵打印机的优点是可以打印多联复写纸，对纸张厚度的要求较低，维护简单；缺点是打印速度慢，打印时有较刺耳的声音，打印精度也较低，使用范围较窄。

② 喷墨式打印机。喷墨式打印机属非击打式打印机，如图 2-24 所示。在工作时，喷嘴向打印纸不断喷出带电的墨水雾点，当它们穿过两个带电的偏转板时被控制，然后落在打印纸的指定位置上，形成正确的字符。喷墨式打印机可打印高质量的文本和图形，还可用于彩色打印，而且噪声很低。但喷墨式打印机需要经常更换墨盒，因此使用成本较高。

③ 激光式打印机。激光式打印机也属于非击打式打印机，如图 2-25 所示，工作原理与复印机相

似，涉及光学、电磁学、化学等方面的知识。简单来说，它将来自计算机的数据转换成光束，照射到一个充有正电荷的旋转的鼓上。鼓上被照射的部分便带上负电荷，并能吸引带色粉末。鼓与纸接触便把粉末印在纸上，并在一定的压力和温度的作用下熔结在纸的表面。

激光式打印机的打印速度快、印字质量高，常用来打印正式公文及图表等。

图 2-24　喷墨式打印机　　　　　　　　　图 2-25　激光式打印机

2.3.2　微型计算机系统结构

若计算机系统各个部件之间以及部件内部要进行数据传输，则必须进行有效的连接。目前的各种微型计算机从概念结构上来说都由中央处理器、存储器、输入输出接口及连接它们的总线组成。微型计算机系统的总线结构如图 2-26 所示。

图 2-26　微型计算机系统的总线结构

1．总线

总线（Bus）由一组导线和相关控制电路组成，是各种公共信号线的集合，用于微机系统各部件之间的信息传递。通常将用于主机系统内部信息传递的总线称为内部总线，将连接主机和外部设备之间的总线称为外部总线。从传送信息的类型上来说，这两类总线都包括用于传送数据的数据总线、传送地址信息的地址总线和传送控制信息的控制总线。

（1）数据总线

数据总线（Data Bus，DB）用于传输数据信息，是双向总线，中央处理器既可以通过数据总线从内存或输入设备输入数据，也可以通过数据总线将内部数据送至内存或输出设备。数据总线的带宽决定了数据的传送速度。

（2）地址总线

地址总线（Address Bus，AB）用于传送中央处理器发出的地址信息。传送地址信息的目的是指明与中央处理器交换信息的内存单元或输入输出设备单元。地址总线的带宽决定了存储器容量，即中央处理器可以直接寻址的内存单元的范围，若地址总线是 32 位的，则可寻址的内存空间为 2^{32}B，即 4GB。

（3）控制总线

控制总线（Control Bus，CB）用于传送控制信号、时序信号、状态信息等。在这些信息中，一些是中央处理器向内存和外设发出的信息，另一些是内存或外设向中央处理器发出的信息。可见，控制总线中每一根线的方向是一定的、单向的，但控制总线作为一个整体是双向的。

2. 输入输出接口

输入输出接口也称 I/O（Input/Output）接口。外部设备并不直接与中央处理器相连，每个外部设备有着与其对应的 I/O 接口，I/O 接口直接连接在总线上，主机与外部设备之间的数据通信就是通过 I/O 接口进行的。外部设备的种类有很多，由于速度匹配、信号电平和驱动能力、信号形式匹配、信息格式、时序匹配等问题，外部设备与微处理器或内存之间不能直接进行信息交换，而必须通过 I/O 接口来进行。

接口的种类很多，按照所连接设备的位置，可以分为外部接口和内部接口。外部接口包括显示器接口、网络接口、USB 接口、串行接口和并行接口等；内部接口主要指用于连接硬盘和光驱的 SATA 接口等。

2.3.3 微型计算机的性能指标

微型计算机的性能涉及体系结构、软硬件配置、指令系统等多种因素，主要包括下列技术指标。

1. 字长

字长是中央处理器能一次同时处理二进制数据的位数。字长直接反映了计算机的数据处理能力，字长越长，中央处理器可同时处理的二进制位数越多，计算机的运算精度越高，数据处理能力就越强。早期的微型计算机字长有 8 位、16 位、32 位，目前的微型计算机的字长已达到了 64 位。

2. 运算速度

通常所说的计算机运算速度（平均运算速度）是指计算机每秒所能执行的指令条数，一般用百万条指令每秒（Million Instructions Per Second，MIPS）来表示。这个指标能更直观地反映计算机运算速度。

3. 时钟频率

时钟频率（主频）是指中央处理器内核工作的时钟频率。它的高低在一定程度上决定了计算机运算速度的高低。中央处理器的主频以兆赫兹（MHz）、吉赫兹（GHz）为单位。一般来说，主频越高，计算机运算速度就越快。由于中央处理器发展迅速，微机的主频也在不断提高，现在常用的中央处理器主频可达 3GHz 以上。

4. 存储容量

存储容量包括内存容量和外存容量。内存容量反映了内存存储数据的能力，存储容量越大，其可处理的数据的数量越多，并且运算速度一般也越快。尤其是当前很多计算机应用涉及图像信息处理，对存储容量的要求越来越高，若没有足够大的内存容量，则无法运行某些软件。

外存容量反映计算机外存所能容纳信息的能力。微型计算机的外存容量一般指其硬盘、光盘所能容纳的信息量。

5. 外部设备配置

微型计算机作为一个系统，外部设备的性能也对其有直接影响，例如，磁盘驱动器的配置、硬盘的接口类型与容量、显示器的分辨率、打印机的打印速度等。

6. 软件配置

软件也是微型计算机系统不可缺少的重要组成部分，其配置是否齐全直接关系计算机性能的强弱和工作效率的高低。例如，是否有功能强、操作简单，又能满足应用要求的操作系统和高级语言，是否有丰富的应用软件等，这些因素都是在购置计算机系统时需要考虑的。

7. 系统的兼容性

系统的兼容性一般包括硬件的兼容性、数据和文件的兼容性、系统程序和应用程序的兼容性、硬件和软件的兼容性等。兼容性越好，对用户而言，就越便于对硬件和软件进行维护和使用；对计算机而言，更有利于计算机的推广和普及。

8. 系统的可靠性和可维护性

系统的可靠性是指软硬件系统在正常条件下不发生故障或失效的概率，一般用平均故障间隔时间（Mean Time Between Failures，MTBF）来衡量。系统的可维护性用于判定系统出现故障能否尽快恢复，一般用平均维修时间（Mean Time To Repair，MTTR）来衡量。

9. 性能价格比

性能一般指计算机系统的综合性能，包括硬件、软件等方面；价格指购买整个计算机系统的价格，包括硬件和软件的价格。购买时应该从性能、价格两方面来考虑，一般地讲，性能价格比越高越好。此外，在评价计算机系统的性能时，还要兼顾多媒体处理能力、网络功能、信息处理能力、部件的可升级扩充能力等因素。

2.4 计算机软件系统

软件是用于指挥计算机工作的程序与程序运行时所需要的数据，以及与这些程序和数据有关的说明文档。软件分为系统软件和应用软件两大类。软件系统是计算机上可运行的全部程序的总和。只有在软件系统的支持下，计算机硬件系统才能向用户呈现出强大的功能和友好的交互界面。

2.4.1 系统软件

系统软件是管理、监控和维护计算机资源的软件，主要用于增强计算机的功能，提高计算机的工作效率，方便用户使用计算机。系统软件包括操作系统、程序设计语言、语言处理程序、数据库管理系统、系统辅助处理程序、驱动程序等。

1. 操作系统

在计算机软件中最重要且最基本的就是操作系统（Operating System，OS）。它是底层的软件，它控制所有在计算机上运行的程序并管理整个计算机的资源，是计算机裸机与应用程序及用户之间的桥梁。没有操作系统，用户就无法使用各种软件或程序。

操作系统是计算机系统的控制和管理中心，从资源管理的角度来看，它具有处理器管理、存储器管理、设备管理、文件管理等 4 项功能。

操作系统按其提供的功能可分为批处理操作系统、分时操作系统、实时操作系统、网络操作系统等。

目前微机中常见的操作系统有 Windows、Linux 等。

2. 程序设计语言

计算机解题的一般过程是：用户用程序设计语言编写程序，输入计算机，然后由计算机将其翻译成机器语言，运行后输出结果。程序设计语言的发展经历了 5 代——机器语言、汇编语言、高级语言、非过程化语言和智能化语言。

（1）机器语言

它是第一代语言，是一种面向机器的语言。机器语言使用 0 和 1 的代码序列描述指令和数据，指令形式是二进制形式，是计算机唯一能够识别和执行的形式。使用机器语言编写程序十分复杂，要求使用者熟悉计算机的所有细节，尤其是硬件，所以一般的工程技术人员很难掌握。其优点是执行效率高、速度快。但其直观性差，可读性不强，给计算机的推广使用带来了极大的困难。

（2）汇编语言

它是第二代语言，是符号化的机器语言，采用助记符来表示指令中的操作码和操作数的指令系统。它比机器语言"前进了一步"，助记符比较容易记忆，可读性也好。但是汇编语言也是面向机器的，对机器的依赖性特别强，编制程序的效率不高、难度较大、维护较困难，属于低级语言。

（3）高级语言

它是第三代语言，是比较接近人类自然语言和数学语言的语言。其特点是与计算机的指令系统无关。它从根本上摆脱了语言对计算机的依赖，使之独立于计算机，用户不必了解计算机的内部结构，只需要把解决问题的执行步骤通过程序设计语言输入计算机即可。由于高级语言易学易记，便于书写和维护，因此提高了程序设计的效率和可靠性。目前广泛使用的高级语言有几百种，如 C 语言等。

（4）非过程化语言

它是第四代语言，使用这种语言，程序员不必关心问题的解法和处理过程的描述，只需说明所要完成的工作目标和工作条件，就能得到所要的结果，而其他的工作都由系统来完成。因此，它比第三代语言具有更强的优越性。

如果说第三代语言要求人们告诉计算机怎么做，那么第四代语言只要求人们告诉计算机做什么。因此，人们称第四代语言是面向对象的语言，如 C++、Java 等。

（5）智能化语言

它是第五代语言，除具有第四代语言的基本特征外，还具有一定的智能性。如 Prolog 就是第五代语言的代表，主要应用于抽象问题求解、自然语言理解、专家系统和人工智能等领域。

3. 语言处理程序

前面曾经说到计算机只能直接识别和执行机器语言，因此要在计算机上运行高级语言程序就必须配备程序语言翻译程序（以下简称翻译程序）。翻译程序本身也是一组程序，高级语言都有相应的翻译程序。

对于高级语言来说，翻译的方法有两种。

一种为"解释"。早期的 BASIC 源程序的执行都采用这种方式。它调用计算机配备的 BASIC "解释程序"，在运行 BASIC 源程序时，逐条地对 BASIC 源程序的语句进行解释和执行，它不保留目标程序代码，即不产生可执行文件。这种方式的处理速度较慢，每次运行都要经过解释，边解释边执行。其执行过程如图 2-27 所示。

图 2-27　源程序解释执行过程

另一种为"编译"。它调用相应语言的编译程序，把源程序变成目标程序（以.obj 为扩展名），然后用连接程序把目标程序与库文件相连接形成可执行文件。尽管编译的过程复杂一些，但它形成的可执行文件（以.exe 为扩展名）可反复执行，处理速度较快。图 2-28 所示为 C 语言程序编译的过程。

图 2-28　C 语言程序编译的过程

对源程序进行解释和编译的程序，分别称为解释程序和编译程序。如 Fortran、C 等高级语言，在使用时需要安装相应的编译程序；BASIC、LISP 等高级语言，在使用时需要安装相应的解释程序。

总之，编译程序和解释程序都属于语言处理系统。

4. 数据库管理系统

数据库管理系统（Database Management System，DBMS）是一种操纵和管理数据库的大型软件，用于建立、使用和维护数据库。目前常见的数据库管理系统有 Oracle、Sybase、SQL Server、MySQL 和 Access 等。

5. 系统辅助处理程序

系统辅助处理程序也称为软件研制开发工具、支持软件、软件工具，主要包括编辑程序、调试程序、装配和连接程序等。

6. 驱动程序

随着各种类型的外部设备不断涌现，为了保证计算机系统能够正确识别这些硬件设备，并保证它们的正常运行，往往需要安装外部设备的驱动程序（Driver）。驱动程序就是需要添加到操作系统中的一小块代码，其中包含有关硬件设备的信息。安装了驱动程序后，计算机就可以与硬件设备进行通信。驱动程序是硬件厂商根据操作系统编写的配置文件，若没有驱动程序，计算机中的相关硬件就无法正常工作。正是因为这个原因，驱动程序在系统中的地位十分重要，一般当操作系统安装完毕后，首要的工作便是安装各种硬件设备的驱动程序。不过，在大多数情况下，并不需要安装所有硬件设备的驱动程序，例如，硬盘、显示器、光驱等设备无须安装驱动程序，而显卡、声卡、网卡、打印机等设备就需要安装驱动程序。

操作系统不同，硬件的驱动程序也不同，各个硬件厂商为了保证硬件的兼容性及增强硬件的功能，会不断地升级驱动程序。

驱动程序一般可以分为以下 4 类。

（1）正式版驱动程序

正式版驱动程序是指按照芯片厂商的设计研发出来，并通过官方渠道发布出来的驱动程序，又名公版驱动。稳定性高、兼容性好是正式版驱动程序最大的优点。

（2）系统内置的通用驱动程序

在一般情况下，Windows 能够自动识别并安装绝大多数硬件设备的驱动程序。这些驱动程序由硬件厂商提供并通过了微软公司的 WHQL 兼容性测试，可以保证与 Windows 良好兼容。

（3）第三方驱动程序

第三方驱动程序一般是指硬件产品 OEM 厂商发布的基于官方驱动优化而成的驱动程序，其通常比官方正式版拥有更加完善的功能和更加强的整体性能。

（4）测试版驱动程序

测试版驱动程序是指处于测试阶段，还没有正式发布的驱动程序。这样的驱动程序往往具有稳定性低、与系统的兼容差等问题。

2.4.2 应用软件

应用软件也可以分为两类，第一类是针对某个应用领域的具体问题而开发的专用软件，它具有很强的实用性和专业性。这些软件可以由专业的计算机公司开发，也可以由企业人员自行开发。正是由于这些专用软件的应用，计算机日益渗透到社会的各个行业。但是，这类应用软件使用范围小，导致其开发成本过高，通用性不强，软件的升级和维护工作十分复杂。

第二类是一些大型专业软件公司开发的通用应用软件，这些软件功能强大，适用性好，应用也非常广泛。由于软件的销售量大，因此，相对于第一类应用软件而言，其销售价格会便宜很多。这类应用软件的缺点是专用性不强，对某些有特殊要求的用户不适用。

常用的通用应用软件有以下 8 类。

1. 办公自动化软件

办公自动化软件中应用较为广泛的有微软公司开发的 Office，它由几个软件组成，如文字处理软件（Word）、电子表格软件（Excel）等。国内优秀的办公自动化软件有 WPS 等。

2. 多媒体应用软件

多媒体应用软件有图像处理软件 Photoshop、动画设计软件 Flash、音频处理软件 Adobe Audition、视频处理软件 Premiere、多媒体创作软件 Authorware 等。

3. 辅助设计软件

辅助设计软件有机械与建筑辅助设计软件 AutoCAD、网络拓扑设计软件 Visio、电子电路辅助设计软件 Protel 等。

4. 企业应用软件

企业应用软件有用友财务管理软件等。

5. 网络应用软件

网络应用软件有网页浏览器软件 Edge、即时通信软件 QQ、网络文件下载软件 FlashGet 等。

6. 安全防护软件

安全防护软件有瑞星杀毒软件、360 杀毒软件等。

7. 系统工具软件

系统工具软件有文件压缩与解压缩软件 WinRAR、数据恢复软件 EasyRecovery、系统优化软件 Windows 优化大师、磁盘复制软件 Ghost 等。

8．娱乐休闲软件

娱乐休闲软件包含各种游戏软件、音视频软件。

2.4.3　计算机用户与计算机硬件系统和软件系统的关系

总之，硬件系统是计算机系统看得见、摸得着的功能部件的组合，而软件系统是计算机系统的各种程序的集合。计算机系统由硬件系统和软件系统组成，两者缺一不可。软件系统又由系统软件和应用软件组成，系统软件是用户与计算机进行信息交换、通信对话，按用户的思想对计算机进行控制和管理的工具。操作系统是系统软件的核心，在计算机系统中是必不可少的，其他的系统软件，如语言处理系统可根据不同用户的需要，配置不同的程序语言编译系统。用户可根据应用领域的不同，配置不同的应用软件。

如果没有软件的支持，也就是在没有安装任何程序之前，计算机称为"裸机"，裸机是无法处理任何任务的；同样地，软件依赖硬件来运行，没有硬件设备的支持，软件也就失去了其发挥作用的舞台。因此，计算机的软件和硬件是相辅相成的。

计算机用户与计算机硬件系统和软件系统的层次关系如图 2-29 所示。

图 2-29　计算机用户与计算机硬件系统和软件系统的层次关系

当然，在计算机系统中并没有明确的硬件与软件的界限，软硬件之间的界限是经常变化的。这是因为从理论上来说，任何一个由软件所完成的操作也可以直接由硬件来实现，而任何一条由硬件所执行的命令也能够用软件来完成。从这个意义上说，硬件与软件在逻辑功能上是可以等价的。

思考与练习

1．什么是计算机硬件？什么是计算机软件？它们之间有什么关系？

2．简述计算机系统的组成。

3．冯·诺依曼思想有哪些主要内容？

4．什么是指令？什么是指令系统？

5. 计算机的基本工作原理是什么?

6. 计算机的硬件系统由哪几部分组成?

7. 存储容量都有哪些单位? 这些单位之间存在什么样的关系?

8. 微型计算机的存储系统由哪些部分构成?

9. 计算机的内存储器与外存储器有什么特点?

10. 什么是随机存储器? 什么是只读存储器?

11. 什么是总线? 总线有哪些类型?

12. 微型计算机的主要技术指标是什么?

13. 简述计算机语言的发展过程。

14. 什么是系统软件? 什么是应用软件?

15. 计算机用户与计算机硬件系统和软件系统之间的关系是什么?

第3章
操作系统

一个完整的计算机系统由计算机硬件系统和计算机软件系统组成。硬件系统指的是组成计算机的物理设备，软件系统一般分为系统软件和应用软件两大类，其中，系统软件主要指操作系统。

操作系统是最基本的系统软件，是整个计算机系统的管理核心，它负责管理计算机中所有的软硬件资源。若想要熟练地使用计算机，则应当从掌握操作系统知识开始。本章主要内容如下：

- 操作系统概述；
- 操作系统的体系结构；
- 典型操作系统介绍。

3.1 操作系统概述

3.1.1 操作系统的概念

操作系统（Operating System，OS）是一组系统程序，它是直接作用于计算机硬件上的第一层软件，用于管理和控制计算机硬件和软件资源。只有在操作系统的支持下，计算机才能运行其他的软件，例如，当计算机上的 Windows 7 操作系统不能启动时，我们就无法操作计算机，包括访问互联网、进行文字处理或运行程序。从用户的角度看，操作系统加上计算机硬件系统才形成完整的计算机系统，它是对计算机硬件功能的扩充。一个完整的计算机系统层次结构如图 3-1 所示。

在计算机系统中，操作系统的功能可以总结为两方面：一方面是硬件和软件的接口，它负责管理所有硬件和软件资源，实现资源充分、合理的利用；另一方面是硬件和用户之间的接口，用户通过操作系统可以方便地使用计算机的所有资源。在计算机的使用层面，操作系统起到了媒介和桥梁的作用。

图 3-1　计算机系统的层次结构

从用户角度来看，操作系统屏蔽了计算机内部复杂的硬件结构，用户只需通过操作系统提供的一组规范、一组协议来使用计算机，操作系统的作用如图 3-2 所示。用户对计算机硬件的使用就转化为对操作系统的使用，这极大地方便了用户。没有操作系统，普通用户就无法使用计算机。从这个意义上讲，如果计算机上的操作系统瘫痪了，计算机也就无法使用了。

图 3-2　操作系统的作用

因此，操作系统是一组包含许多模块的计算机程序，是完成管理、调度、控制计算机中硬件和软件资源，合理地组织计算机的工作流程，为用户提供使用计算机的方便和可扩展操作计算机环境的重要系统软件。

3.1.2　操作系统的历史

随着计算机技术的发展，操作系统也在不断发展，经历了一个从无到有、从简单到复杂的过程，今天的操作系统经过长期的演变已经成为一个庞大而复杂的软件包。操作系统的发展经历了单用户单任务操作系统、批处理操作系统、实时操作系统、分时操作系统、分布式操作系统等阶段。

1. 单用户单任务操作系统

最早期的操作系统是单用户单任务操作系统。计算机刚诞生时，操作不是很灵活，效率也不高，多个用户往往需要共享一台计算机。每个用户只有在分配给该用户的时间段内，计算机才完全处于该用户的控制之下。这段时间通常从程序的准备开始，然后是短时间的程序执行过程。只有在一个用户完成任务后，其他用户才可以开展工作。

2. 批处理操作系统

在单用户单任务操作系统的环境下，操作系统的效率很低。于是，人们开始致力于简化操作系统执行程序的准备工作，提高任务之间的过渡及处理效率。一个典型的做法是，如果用户需要运行程序，就必须把程序、所需的数据以及有关程序需求的说明提交并输入计算机的海量存储器，然后由称为操作系统的程序从海量存储器中一次一个地读入并执行程序。这就是批处理（Batch Processing）的开始——将若干个要执行的任务收集到一个批次中，然后执行任务，无须与用户进行进一步的交互。

在批处理操作系统中，驻留在海量存储器的任务（包括所需的数据）称为作业，在作业队列（Job Queue）里等待执行，如图 3-3 所示。队列（Queue）是一种存储机构，作业按照先进先出（First In First Out，FIFO）的方式在队列里排队。也就是说，作业的出列顺序和入列顺序需要保持一致。实际上，大多数作业队列不是严格遵循 FIFO 结构的，主要是因为大多数操作系统都考虑了作业的优先级，这就造成在队列中等待的作业有可能被优先级更高的作业"插队"。

图 3-3　批处理操作系统作业的执行过程

批处理操作系统的最大缺点是：作业一旦提交给操作员，用户就无法与它进行交互。这种方法对于某些应用是可以接受的，如工资表的处理，因为在这里，数据与所有的处理决策事先就已经建立了。然而，如果在一个程序的执行期间，用户需要与该程序进行交互，这种方法就无法接受了。例如，在预定系统中，预定和取消操作必须及时报告；在文字处理系统中，文档是以动态的写入和重写方式开发的；在计算机游戏中，与计算机的交互性是游戏的主要特征。

3. 实时操作系统

为了克服批处理操作系统的缺点，人们开发了新的操作系统——实时操作系统。该操作系统允许执行一个程序来实现通过远程终端与用户对话，这种特性称为交互式处理（Interactive Processing），如图 3-4 所示，用户和计算机在程序和数据方面有交互过程。

图 3-4　交互式处理

交互式处理最重要的一点在于，计算机的动作更快速，能够协调用户的需求，而不是让用户完全遵守计算机的时间表。从某种意义上说，计算机在一个期限内被强制执行某项任务，这一过程就是实时处理（Real-Time Processing），并且动作的完成也是按实时方式发生的。计算机以实时的方式完成一个任务就意味着，计算机完成任务的速度足以跟上该任务所在的外部环境（现实世界）中的行为。

目前的实时操作系统是一种时效性强、响应快的操作系统。根据应用领域不同，可将实时操作系统分为两种类型。一种是实时信息处理系统，如航空机票订购系统。在这类系统中，计算机实时接收从远程终端发来的服务请求，并在极短的时间内对用户的请求做出处理，其中很重要的一点是对数据现场的保护。另一种是实时控制系统，这类控制系统的特点是采集现场数据，并及时对所接收到的信息做出响应和处理。例如，用计算机控制某个生产过程时，传感器将采集到的数据传送到计算机系统，计算机要在很短的时间内分析数据并做出判断处理，其中包括向被控制对象发出控制信息，以实现预期目标。

实时操作系统对响应时间有严格的固定时间限制，一般是毫秒级甚至是微秒级的，处理过程应在规定的时间内完成，否则会失效。实时操作系统的最大特点是确保对随机发生的事件做出及时的响应。换句话说，对实时操作系统而言，"实时性"与"可靠性"是最重要的。

4. 分时操作系统

在 20 世纪六七十年代，计算机的价格比较昂贵，因此每台计算机不得不服务于多个用户，即工作终端的若干个用户在同一时间寻求同一台计算机的交互式服务。针对这个问题，解决的方案是设计能同时为多个用户提供服务的操作系统，这一特点称为分时（Time-Sharing）。实现分时的一种方法是应用称为多道程序设计（Multiple Programming）的技术，其中时间被分割成时间片，每个作业的执行用时被限制为每次仅一个时间片。在每个时间片结束时，当前的作业暂时停止执行，允许另一个作业在下一个时间片里执行。通过这种方法可以快速地在各个作业之间进行切换，产生若干个作业同时执行的错觉。现在，分时既可用于单用户系统，也可用于多用户系统。

随着多用户系统的发展，分时操作系统作为一种典型配置，被用在大型的中央计算机上，以及连接大量的工作站。通过这些工作站，用户能够从机房外面直接与计算机进行通信。通常把要用到的程序存储在计算机的海量存储设备上，然后操作系统就能够响应工作站的请求，执行这些程序。

5. 分布式操作系统

用于管理分布式系统资源的操作系统称为分布式操作系统。对于用户而言，它就像普通的集中式操作系统，但它为用户提供了对若干计算机资源的透明访问途径。分布式操作系统也可以定义为通过通信网络将物理上分布的具有自治功能的数据处理系统或计算机系统互连起来而形成的操作系统，用于实现信息交换和资源共享，协同完成任务。

总之，操作系统已经从简单的一次获取和执行一条指令发展为结构复杂，能够进行分时处理，能够管理计算机海量存储设备中的程序和数据文件，并能直接回应计算机用户请求的系统。

目前，计算机操作系统仍在继续发展。多处理器的发展已经能够让操作系统进行多任务处理，即操作系统可以把不同的任务分配给不同的处理器进行处理，而无须再采用分时机制共享单个处理器。操作系统必须妥善地处理负载平衡（动态地把任务分配给各个处理器，使所有的处理器都得到有效的利用）和均分（把大的任务划分为若干个子任务，并与可用的处理器数目相适应）问题。

此外，计算机网络的出现使发展相应的软件系统来规范网络的行为变得十分必要。计算机网络在许多方面拓展了操作系统这个学科，其目标是开发一个单纯的网络范围的操作系统，而不是一个基于个人操作系统的网络。

操作系统的一个重要研究方向是为类似掌上电脑（Personal Digital Assistant，PDA）的小型手持计算机开发系统，典型的操作系统包括苹果公司开发的 iOS 和谷歌公司基于 Linux 开发的 Android。

3.2　操作系统的体系结构

为了理解典型的操作系统的组成，我们首先应考虑典型的计算机系统中软件的分类。

3.2.1　软件概述

我们从第 2 章中学到，计算机软件分为两大类：应用软件（Application Software）和系统软件（System Software），如图 3-5 所示。应用软件是由一些完成计算机的特定任务的程序组成的，包括电子制表软件、数据库系统、桌面出版系统、记账系统、程序开发软件以及游戏软件等。

图 3-5　软件分类

相对应用软件而言，系统软件完成一般的计算机系统都需要完成的任务。在某种意义上，系统软件提供了应用软件所需要的基础架构。

系统软件又可分两类，一类是操作系统，另一类统称为实用软件（Utility Software）。从某种意义上说，实用软件是由一些能够扩充或定制操作系统功能的软件单元组成的。举例来说，格式化磁盘或将文件从磁盘复制到光盘中去的功能是借助实用软件实现的，而不是在操作系统内部实现的。其他的实用软件还有数据压缩与解压缩软件、多媒体播放软件和处理网络通信的软件等。

把某些任务交给实用软件来完成，允许其定制系统软件，这比把它们交给操作系统来执行更适合特定安装的需求。

目前，应用软件与实用软件之间的界限已经很模糊了。它们的差别仅在于其是否是计算机系统软件架构的一部分。所以，当应用软件变成一种基础工具，那么这个应用软件就很可能成为一种实用软件。当用于 Internet 的通信软件还在研究阶段时，它被认为是一种应用软件，而在今天，它对计算机而言是非常基础的工具软件，已被定义为实用软件。

实用软件和操作系统的界限同样也是模糊的。例如，美国和欧洲的反垄断诉讼案都争论过这样一个问题：浏览器和媒体播放器这两个组件到底是 Windows 操作系统的一部分，还是微软公司用来压制竞争对手的实用软件。

3.2.2 操作系统组件

操作系统是一个复杂的系统软件包，我们可以从外壳和内核的角度来认识操作系统的组件。

1. 操作系统的外壳

为了完成计算机用户请求的动作，操作系统必须能够与这些用户进行通信，操作系统中负责处理通信的这一部分，通常称为外壳（Shell），这里的"外壳"一般指的是命令解释程序。外壳借助图形用户界面来实现操作系统与用户之间的通信。利用图形用户界面，类似文件和程序这样的操作对象，都可以用图标的形式形象地在显示器上显示出来，用户可以使用鼠标并通过指向、单击图标来发出命令。

图 3-6 用户和操作系统内核之间的关系

虽然操作系统的外壳在实现计算机的功能上扮演了重要的角色，但是，外壳仅仅是用户与操作系统内核之间的一个接口而已，如图 3-6 所示。

图形用户界面中的一个重要组件是窗口管理程序（Window Manager），该程序将屏幕划分为若干被称为窗口的区域，并且跟踪与每个窗口相联系的应用程序。当一个应用程序需要在屏幕上显示图像时，它就会通知窗口管理程序，这样一来，窗口管理程序就会把图像放在分配给该应用程序的窗口里。然后，当单击鼠标时，窗口管理程序会计算鼠标的位置，并把这个鼠标位置传送给相应的应用程序。

2. 操作系统的内核

与操作系统的外壳相对应，我们把操作系统内部的部分称为内核（Kernel）。操作系统的内核包含一些完成计算机安装所要求的基本功能的软件组件。内核的基本组件包括处理器管理程序、内存管理程序、设备驱动程序、文件管理程序，下面将从操作系统功能的角度对这些组件逐一进行介绍。

3.2.3 操作系统功能

计算机系统资源通常被分为 4 类，即中央处理器、存储器、外部设备、由程序和数据组成的文件。操作系统的功能可以归纳为处理器管理、存储器管理、设备管理与文件管理。

1. 处理器管理

处理器管理的主要任务是对中央处理器的分配和运行实施有效的管理。处理器分配资源的基本单位是进程。进程是一个具有一定独立功能的程序在一个数据集合上的一次动态执行过程。简单地说，进程就是正在执行的程序，进程的执行需要数据。在操作系统中，将程序及程序执行时所需数据的一次动态执行过程称为作业。一次算法的执行、一次文档的打印都是作业。操作系统对进入系统的所有作业进行组织和管理，因此，对处理机的管理可归结为对作业进程的管理。进程管理可实现下面的功能。

（1）进程控制

当有作业要运行时，要为该作业建立一个或多个进程，并为它分配除处理机以外的资源，然后将建立的进程放入进程就绪队列中等待运行。当该作业进程运行完成时，立即撤销该进程，及时释放作业进程所占用的全部资源。作业进程控制的基本功能就是创建和撤销作业进程以及控制作业进程状态的转换。

（2）进程同步

该功能是指系统对同时执行的作业进程进行监控和管理。最基本的作业进程同步方式是使作业进程以互相排斥的方式访问临界资源。对于相互合作并共同完成任务的各个作业进程，系统对它们的运行速度会加以协调。

（3）进程通信

对于相互合作的作业进程，在它们运行时，相互之间往往要交换一定的信息。这种作业进程之间所进行的信息交换称为进程通信，进程通信由操作系统负责。

（4）进程调度

当一个正在执行的作业进程已经完成，或因某事件而无法继续执行时，系统应进行作业进程调度，重新分配处理机资源。进程调度是指按一定的算法，如最高优先权算法，从作业进程就绪队列中选出一个作业进程，把处理机分配给它，从而为该作业进程设置运行环境并运行该作业进程。

2. 存储器管理

存储器管理主要是指内存管理，负责的具体组件就是内存管理程序（Memory Manager），它主要担负着协调和管理计算机所使用的主存储器的任务。在计算机一次执行一个任务的环境中，这些工作比较简单。在这种情况下，当前任务的程序放在主存储器中已经定义好的位置上执行，执行完毕后，再将下一个任务的程序放在当前位置上执行。然而，在多用户和多任务的环境下，要求计算机在同一时刻能够处理多个需求，内存管理程序的职责就扩展了。在这种情况下，许多程序和数据块必须同时驻留在内存里，因此，内存管理程序必须找到内存空间并给这些需求分配内存空间，此外还要保证每个程序只能限制在程序所分配的内存空间内运行。而且，随着不同活动的需求进出内存，内存管理程序必须能跟踪那些不再被占用的内存区域。

当所需的总内存空间超过该计算机实际所能提供的可用内存空间时，内存管理程序的任务要复杂得多。在这种情况下，内存管理程序在内存与海量存储器之间来回切换程序和数据块，即进行分页（Paging），这样就造成了系统有额外的内存空间的假象。例如，假设需要一块大小为1024MB的内存空间，但是计算机所能提供的内存空间只有512MB。为了造成具有更大内存的假象，内存管理程序在磁盘上预留了1024MB的存储空间。在这块存储区域里，将记录1024MB内存容量需要存储的位模式。这块数据区被分成大小一致的存储单元，该存储单元称为页面（Pages），典型的页面大小只有几千字节。于是，内存管理程序就在主存和海量存储器之间来回切换这些页面。这样，在任何给定的时间内，我们所需的页面都会出现在 512MB 的内存之中，最后的结果就是计算机能够像确实拥有 1024MB 内存一样工作。这块由分页技术所产生的大的虚构的内存空间叫作虚拟内存（Virtual Memory）。

3. 设备管理

设备管理的主要任务是对计算机系统内的所有设备实施有效的管理，使用户方便、灵活地使用设备。设备管理应实现下面的功能。

（1）设备分配

操作系统根据请求的外围设备类型和所采用的分配算法对外围设备进行分配，将未获得所需设备的作业进程放入相应的设备等待队列中。

（2）设备处理

设备处理是指操作系统启动指定的外围设备，完成规定的输入输出操作，对由外围设备发出的中断请求进行及时响应，并根据中断类型进行相应的处理。

（3）缓冲管理

因为中央处理器的运行速度比外围设备的运行速度要快得多，外围设备与处理机在进行信息交换时，要利用缓冲区来缓和中央处理器与外围设备间速度不匹配的矛盾，避免中央处理器因等待速度慢的外围设备而降低利用率。缓冲管理负责协调设备与设备之间的并行操作，以提高中央处理器和外围设备的利用率。在操作系统中设置有许多种类型的缓冲区，操作系统必须对它们进行有效的管理。

（4）设备驱动

设备驱动（Device Driver）程序是内核的重要组件，是负责与控制器（有时直接与外围设备）进行通信，以实现对连接到计算机的外围设备的操作的软件组件。每个设备驱动程序都是专门为特定类型的设备（如打印机、磁盘驱动器和显示器等）设计的，它们把一般的请求翻译为相关设备（分配给驱动程序的设备）所需的较为适用的步骤。例如，打印机的设备驱动程序包含的软件能够读取和解码特定打印机的状态字，而且能够处理其他一些信息交换的细节。这样一来，其他软件组件就没有必要为了打印一个文件而去处理这些技术细节，而只需要运用设备驱动程序去完成打印文件的任务即可，技术细节交由设备驱动程序去处理。按照这种方式，其他软件组件的设计就可以独立于具体设备特有的特征。这样处理的结果是，安装合适的设备驱动程序即可让一个普遍的操作系统能够使用一些特殊外围设备。

4. 文件管理

文件管理程序（File Manager）用于协调计算机与海量存储器的使用。更准确地说，文件管理程序保存了存储在海量存储器上的所有文件的记录，包括每个文件的位置、哪些用户有权进行访问以及海量存储器里的哪个部分可以用来建立新文件或扩充现有文件。这些记录被存放在单独的与相关文件相连的存储介质中，因此，每次存储介质启动时，文件管理程序就能够检索相关的文件，进而能知道特定的存储介质中存放的是什么。

为了方便计算机用户使用，大多数文件管理程序都允许把若干个文件组织在一起，放在目录（Directory）或文件夹（Folder）里。这种方法允许用户将自己的文件依据用途划分，把相关的文件放在同一个目录里。而且，一个目录可以包含称为子目录的其他目录，这样可以构建层次化的目录结构。

例如，用户可以创建一个名为"MyRecords"的目录，它又可包含名为"FinancialRecords""MedicalRecords""HouseHoldRecords"的 3 个子目录，每个子目录中都会有属于该范畴的文件。Windows 操作系统的用户能通过 Windows 资源管理器程序，让文件管理程序显示当前所有的目录结构。一条由目录内的目录所组成的链称为目录路径（Directory Path），简称为路径，通常是这样表示的：列出沿该路径的目录，然后用反斜杠（\）分隔它们。例如，路径"animals\prehistoric\dinosaurs"表示的是：该路径是从目录名为"animals"的目录开始的，经过名为"prehistoric"的子目录，终止于名为"dinosaurs"的子目录（该子目录是相对"prehistoric"目录而言的）。

其他软件实体对文件的任何访问都是由文件管理程序来实现的。该访问过程是这样的：先通过一个称为打开文件的过程来请求文件管理程序授权访问该文件，如果文件管理程序批准了该访问请求，那么它会提供查找和操纵该文件所需的信息。这些信息存储在主存储器中一个称为文件描述符（File Descriptor）的区域里。对文件的各种操作都是通过引用这个文件描述符里的信息完成的。

另外，在操作系统内核中还有调度程序（Scheduler）和分派程序（Dispatcher）等组件，这里我们不再详细介绍。

3.2.4　系统启动

操作系统提供了其他软件组件所需的软件基础设施，但是，操作系统本身是如何启动的呢？它是通过一个称为引导（Boot）的过程实现的，这个过程是由计算机在每次启动的时候完成的。正是这个过程把操作系统从海量存储器（操作系统永久存放的地方）传送到内存（在开机时，内存实际上是空的）中。为了理解启动过程和必须有启动过程的原因，我们从了解计算机的中央处理器和只读存储器（Read-Only Memory，ROM）开始。

1. 中央处理器

中央处理器的设计使每次启动中央处理器时，它的程序计数器从事先确定的特定地址开始。中央处理器就在这个地址上期望能找到要执行的第一条指令。从概念上讲，所需要做的就是在这个地址上存储操作系统。然而，从经济和效率的角度讲，计算机的内存是采用易失性技术制造的，当计算机关闭时，就意味着存储在内存上的数据会丢失。这样，在每次重启计算机的时候，我们需要找到一种让操作系统重新驻留内存的方法。

简而言之，当计算机首次打开时，我们需要往内存提交一个程序（引导操作系统启动），但是每次关机后，计算机内存中的内容都要被清除。为了解决这个问题，计算机的一小部分存储器就用非易失性记忆体的特殊单元建造，而这个地方正是中央处理器期望找到的初始化程序的位置，也就是 ROM。

2. ROM

ROM 的内容可以读取，但不可以改变，因此被称为只读存储器。在一般的计算机中，引导程序（Bootstrap）是永久存储在计算机的 ROM 中的。存储在 ROM 中的程序称为固件（Firmware），这反映出一个事实，即它是由永久记录在硬件中的软件组成的。这样一来，在计算机开机的时候将最先执行这个程序。引导程序的任务是引导中央处理器把操作系统从海量存储器中预先定义的位置调入内存的可变存储区，如图 3-7 所示。一旦操作系统被调入内存，引导程序就引导中央处理器执行跳转指令，转到该存储区。这时，操作系统接管并开始控制计算机的活动。执行引导和开始操作系统的整个过程就称为启动（Booting）计算机。

图 3-7　引导过程

3. 启动过程

当计算机第一次开机时，引导程序装入并激活操作系统。然后用户向操作系统提出请求，执行实用软件和应用程序。当实用软件或应用程序终止时，用户切断与操作系统的联系，这时用户能提出另一次请求。

除了引导程序外，计算机的只读存储器还包括一组例行程序，用于实现基本的输入输出活动，如从键盘上接受信息，把信息显示在计算机的屏幕上，以及从海量存储器中读取数据等。因为存放在 ROM 里，所以这些例行程序可以被引导程序使用，以便在操作系统开始工作前就完成输入输出活动。例如，它们会在引导过程真正开始前，与计算机用户通信，并在引导期间提交错误报告。所有的例行程序组成了一个基本输入输出系统。从表面上看，基本输入输出系统这个术语仅仅指的是计算机的 ROM 中的部分软件，而在实际上，这个术语用于指存放在 ROM 中的整个软件组，有时候也指 ROM 本身。

3.3　典型操作系统介绍

3.3.1　Windows 操作系统

1. Windows 操作系统的产生与发展

1981 年，IBM 公司推出带有微软公司 16 位操作系统 MS-DOS 1.0 的个人计算机，由于 DOS 的设计和开发都是以 20 世纪 70 年代末期的计算机为基础的，随着计算机硬件技术的不断发展，DOS 在技术上的局限性也随之显现出来。首先，DOS 只能支持 640KB 的基本内存；然后，在使用上，DOS 的命令行方式枯燥单调，一般用户掌握起来比较困难。因此，随着微型计算机用户数量的急剧增加，图形界面的操作系统应运而生。在 1985 年和 1987 年，微软公司尝试推出了图形界面操作系统 Windows 1.0 和 Windows 2.0，但是，此时推出的 Windows 产品还很不成熟，功能也不多。1990 年，微软公司推出了 Windows 3.0，这是一个有着良好用户界面和强大功能的基于新概念设计的操作系统。它以形象生动的图形代替了 DOS 中难以记住的命令，用户操作起来十分方便，许多操作可通过鼠标实现，用户可真实地感受到使用 Windows 操作系统的优越性，因此 Windows 3.0 成为 20 世纪 90 年代最流行的微型计算机操作系统。

1995 年，微软公司推出了 Windows 95，这是一个独立的、完备的 32 位操作系统，完全抛开了 DOS 的支持，可独立引导计算机并帮助用户完成各种操作。Windows 95 支持长文件名，支持多任务、多线程操作，通过文件和文件夹方式管理文件系统，用户可以利用鼠标的拖曳操作，方便地实现对文件的打印、删除及复制等基本操作。

1998 年，微软公司推出了 Windows 98。Windows 98 是在 Windows 95 强大功能的基础上演变来的，Windows 98 在许多方面与 Windows 95 非常相似，但是 Windows 98 增加了一些新的功能。Windows 98 易用性更强，性能更加可靠，运行速度更快，访问 Internet 更加容易和方便，并且具有更强的娱乐性。

2000 年，微软公司推出了 Windows 2000。Windows 2000 集 Windows 98 和 Windows NT 的很多优良功能和性能于一身，加强或新增了分布式文件系统、用户配额、加密文件系统、磁盘碎片整理和索引服务等，实现了数据安全性、企业间通信的安全性、企业和 Internet 的单点安全登录等。

2001 年，微软公司推出了 Windows XP。其中，XP 是英文 "Experience" 的缩写，表示新版本能够让用户获得丰富的全新体验。

2005 年，微软公司推出了 Windows Vista。与 Windows XP 相比，Windows Vista 在界面、安全性和软件驱动集成性上有了很大的改善。

2009 年，微软公司推出了 Windows 7。该操作系统旨在让计算机操作更加简单和快捷，为人们提供高效易行的工作环境。

2015年，微软公司发布了Windows 10，在Windows 10中恢复了"开始"菜单，新增了虚拟桌面等功能，还在任务栏中添加了全新的"查看任务"按钮，并配有全新的Microsoft Edge浏览器。

2. 图形用户界面

计算机之所以能够如此迅速地进入各行各业、千家万户，各种媒体信息之所以能够被方便、快捷地获取、加工和传递，得益于计算机、网络、多媒体等技术的发展，其中，具有图形界面的操作环境起了很大的作用，它将直观、方便的图形界面呈现在用户面前，使用户无须在提示符后面输入具体命令，而是通过鼠标来"告诉"计算机做什么。图形用户界面技术的特点体现在以下3个方面。

（1）多窗口技术

在Windows环境中，计算机屏幕显示为一个工作台，用户的主工作区域就是桌面。工作台将用户的工作显示在称为窗口的矩形区域内，用户可以在窗口中对应用程序和文件进行操作。

（2）菜单技术

用户在使用某个软件时，通常借助该软件提供的命令来完成所需的功能。软件功能越强大，它所提供的命令越丰富，需要用户记住的命令也就越多。把命令变成菜单，就是为了解决这个问题而产生的一种界面技术。

菜单把用户可在当前使用的一切命令全部显示在屏幕上，以便用户根据需要进行选择。从用户使用的角度来看，菜单带来了两大好处：一是可减轻用户记忆命令的负担，二是可避免用键盘输入命令过程中的人为错误。

（3）联机帮助技术

联机帮助技术为初学者提供了一条使用软件的捷径。借助它，用户无须使用书面的用户手册就可以在上机过程中随时查看有关信息。联机帮助还可以为用户操作给予步骤提示与引导。

3.3.2 UNIX操作系统

UNIX操作系统是美国电报电话公司（AT&T）的贝尔实验室开发的，它是唯一能在微型计算机、小型计算机到大型计算机上都广泛使用的操作系统，也是当今世界使用比较广泛的多用户、多任务操作系统。

UNIX操作系统具有如下特点。

1. 支持多用户、多任务

UNIX操作系统是一个支持多用户、多任务的操作系统，每个用户可以同时执行多个任务，进程的数目在逻辑上几乎不受任何限制。支持多个用户同时登录并使用系统的资源。

2. 开放性和可移植性

UNIX操作系统的迅速发展源自它的开放性。开放性是指系统的设计、开发遵循国际标准，因此能很好地兼容其他操作系统，可以很方便地实现互连。由于 UNIX 操作系统内核的大部分程序是采用 C 语言编写的，因此具有良好的可移植性，可以很容易地移植到其他计算机上运行，也便于人们阅读、修改。

3. 数据安全性强

UNIX 操作系统具有保证数据安全的特性，可以有效地防止外部用户的非法入侵，是企业级应用首选的操作系统。

4. 规模小、效能高

UNIX 操作系统内核小，仅有 1 万多行代码，但其具有强大的功能，并且实现效率高。

5. 友好的用户界面

UNIX 操作系统提供了功能强大的 Shell 编程语言，还为用户提供了丰富的调用功能。用户界面具有简洁、高效的特点。

6. 设备独立性

UNIX 操作系统把所有外部设备统一作为文件来处理，安装了这些设备的驱动程序，即可在使用时将这些设备当作文件进行操作，因此具有很强的适应性。

3.3.3　Linux 操作系统

Linux 操作系统是于 20 世纪 90 年代推出的多用户、多任务操作系统。它最初是由莱纳斯·托瓦兹（Linus Towalds）在 1991 年编写的，其源程序在 Internet 上公布后，得到了全世界计算机爱好者的关注。

Linux 操作系统是一种免费的操作系统，用户可以免费获得其源代码，并能够按需进行修改。Linux 操作系统还是一种类 UNIX 操作系统，具有许多 UNIX 操作系统的功能和特点，能够兼容 UNIX 操作系统，且无须支付使用 UNIX 操作系统的高昂费用。例如，一个 UNIX 操作系统程序员在单位可以用 UNIX 操作系统工作，回到家里用 Linux 操作系统也能完成同样的工作，而不必重新购买 UNIX 操作系统。

Linux 操作系统具有如下特点。

1. 支持多用户、多任务

Linux 操作系统是一个支持多用户、多任务的操作系统，也是具有高效性和稳定性的操作系统。

2. 开放性

Linux 操作系统遵循国际标准，与使用此标准开发的软件和硬件具有很好的兼容性，并可很方便地实现互连。

3. 完善的网络功能

Linux 操作系统具备完善的网络功能，在通信和网络功能方面优于其他操作系统。

4. 用户界面友好

Linux 操作系统可以提供 3 种命令界面，即命令行方式界面、系统调用界面和图形用户界面。

5. 操作系统内核小，对硬件要求低

Linux 操作系统可以运行在硬件性能较差的微机上。

Linux 操作系统版本众多，很多厂商基于 Linux 操作系统的内核开发了许多不同版本的 Linux 操作系统，其中包括许多中文版的 Linux 操作系统。目前常用的 Linux 操作系统主要有 Red Hat Linux 和 TurboLinux。

3.3.4 手持设备操作系统

1. Android

Android 是一种基于 Linux 操作系统的开放源代码的操作系统，主要应用于便携设备，如智能手机和平板电脑。Android 最初由 Andy Rubin 开发，主要应用于手机。2005 年被谷歌公司收购注资，并组建开放手机联盟，随后，逐渐扩展到平板电脑及其他设备上。2008 年第一部 Android 智能手机发布。IDC 数据显示，到 2018 年末，Android 占据全球移动操作系统约 80% 的市场份额。

2. iOS

iOS 是由苹果公司开发的手持设备操作系统。苹果公司最早于 2007 年的 Mac World 大会上发布这个系统，最初是设计给 iPhone 使用的，后来陆续应用到 iPod touch、iPad 及 Apple TV 等产品上。iOS 与苹果的 macOS 一样，是以 Darwin 为基础的，因此同样属于类 UNIX 操作系统的商业操作系统。

3. 鸿蒙操作系统

鸿蒙操作系统是华为公司耗时 10 年，投入 4000 多名研发人员开发的一款基于微内核、面向 5G 物联网、面向全场景的分布式操作系统。鸿蒙操作系统的英文名是 HarmonyOS，意为和谐，与 Android、iOS 是不一样的操作系统，性能上不弱于 Android。华为还为基于 Android 生态开发的应用平稳迁移到鸿蒙操作系统上做好了衔接——用户只需两天左右就可以将相关系统及 Android 应用迁移到鸿蒙操作系统上。由于鸿蒙操作系统微内核的代码量只有 Linux 宏内核的千分之一，其受攻击几率也大幅降低。这个新的操作系统将打通手机、计算机、平板电脑、电视、工业自动化控制设备、车机设备、智能穿戴设备，创造一个超级虚拟终端互联的世界，将人、设备、场景有机联系在一起。

思考与练习

1. 什么是操作系统？它的主要功能是什么？

2. 实时操作系统与分时操作系统的区别是什么？

3. 分时处理与多任务处理的区别是什么？

4. 应用软件与实用软件的区别是什么？

5. 简述软件的分类。

第4章
计算机网络与新技术

计算机网络是计算机技术与通信技术高度发展、相互渗透、紧密结合的产物。Internet 的出现彻底改变了人们的工作和生活方式，也改变了企事业单位的运营和管理方式。人们可以通过网络进行电子商务、网络会议、远程教学、医疗会诊等活动，在片刻间查阅、下载世界各地的文献资料，在瞬间完成电子邮件的远距离传送，坐在家里就可以浏览各种信息。

学习计算机网络的基础知识，掌握计算机网络的基本应用技能，已经成为现代人学习和生活的必备素质。本章主要内容如下：

- 计算机网络概述；
- 计算机网络体系结构；
- 网络互连设备；
- 局域网技术；
- 互联网与新技术。

4.1 计算机网络概述

4.1.1 计算机网络的定义

计算机网络是现代计算机技术与通信技术密切结合的产物，始于 20 世纪 50 年代，是随着社会对信息共享和信息传递的日益增强的需求而发展起来的，近年来得到迅猛发展。计算机网络就是利用通信设备和线路将地理位置不同的、功能独立的多个计算机系统互连起来，按照网络协议进行数据通信，由功能完善的网络软件（即网络通信协议、信息交换方式和网络操作系统）实现网络中的资源共享和信息传递的计算机系统。

在计算机网络出现以前，大多数个人计算机只是作为单机独立使用，如今，可以通过网络向经过授权的用户提供网络接入的共享资源——硬件、软件及数据。网络的普及极大地改变了计算机的内涵。

计算机网络的出现，也为用户构建分布式的网络计算环境提供了基础。计算机网络的功能主要体现在以下 4 个方面。

1. 数据通信

数据通信或数据传送是计算机网络最基本的功能之一。利用这一功能，在地理上分散分布的计算机可以通过网络连接起来，人们可以很方便地进行数据传递和信息交换。例如，电子邮件和新闻发布就是典型的数据通信方面的应用。

2. 资源共享

计算机网络中的资源共享包括共享硬件资源、软件资源和数据资源。计算机网络可以使网络中的各单位互通有无、分工协作，从而大大地提高资源的利用率。

3. 提高可靠性与可用性

通过网络，各台计算机可互为后备机。当某台计算机出现故障时，其任务可由其他计算机处理以避免系统瘫痪，从而提高可靠性。同样，当网络中某台计算机负担过重时，也可将其任务的一部分转交给其他空闲的计算机完成，这样能提高网络中每台计算机的可用性。

4. 易于进行分布式处理

可以把待处理的任务按一定的算法分散到网络中的各台计算机上，并利用网络环境进行分布处理和建立分布式数据库系统，从而达到均衡使用网络资源、实现分布式处理的目的。

4.1.2　计算机网络的发展

计算机网络技术的发展与应用的广泛程度几乎是前人未能预料的。追溯计算机网络的发展历史，它的演变可以概括为面向终端的计算机通信网络、计算机-计算机网络、体系结构标准化网络、Internet 的广泛应用与高速网络技术的发展 4 个阶段。

1. 面向终端的计算机通信网络

计算机网络产生于 20 世纪 50 年代初期。最初的计算机网络是将一台计算机经过通信线路与若干台终端直接相连，计算机处于主控地位，承担数据处理和通信控制的工作；而终端一般只具有输入输出功能，处于从属地位。通常将这种具有通信功能的计算机系统称为第一代计算机网络——面向终端的计算机通信网络，如图 4-1 所示。

随着连接终端数目的增多，为减轻承担数据处理的中心计算机的负载，人们在通信线路和中心计算机之间设置了一个前端处理器（Front-End Processor，FEP）或通信控制器（Communication Control Unit，CCU），专门负责与终端之间的通信控制，从而出现了数据处理和通信控制的分工，这可更好地发挥中心计算机的数据处理能力。另外，在终端较集中的地区还设置了集线器和复用器，它们首先通过低速线路将附近群集的终端连接至集线器或复用器，然后通过高速通信线路，将实施数字信号和模拟信号之间转换的调制解调器与远程中心的计算机前端处理器相连，构成图 4-2 所示的远程联机系统，从而提高通信线路的利用率，降低远程通信线路的建设成本。

图 4-1　面向终端的计算机通信网络

图 4-2　远程联机系统

2. 计算机-计算机网络

20 世纪 60 年代中期，出现了由若干个计算机互连的系统，开创了"计算机-计算机"通信的时代，并呈现出多处理中心的特点。20 世纪 60 年代后期由 ARPA（现称 DARPA，即 Defense Advanced Research Projects Agency）提供经费，联合计算机公司和大学共同研制而发展起来的 ARPA 网，标志着计算机网络的兴起。ARPA 网的主要目标是借助通信系统，使网内各计算机系统能够共享资源。ARPA 网是一个成功的系统，它是计算机网络技术发展中的一个里程碑，它在概念、结构和网络设计方面都为后续的计算机网络技术的发展起到了重要的引导作用，并为 Internet 的形成奠定了基础。

这一时期的计算机网络是将多个单处理机联机终端网络互相连接起来，形成以多处理机为中心的网络，为用户提供服务。此外，为了减轻主机的负荷，使其专注于计算任务，人们还设置了专门的通信控制处理机（Communication Control Processor，CCP）负责与终端进行通信，把通信从主机中分离出来，主机间的通信通过 CCP 的中继功能间接进行，如图 4-3 所示。由 CCP 组成的传输网络称为通信子网。CCP 负责网上各主机间的通信控制和通信处理，它们组成的通信子网是网络的内层，或称为骨架层。网上主机负责数据处理，是计算机网络资源的拥有者，它们组成了网络的资源子网，是网络的外层。通信子网为资源子网提供信息传输服务，资源子网上用户间的通信建立在通信子网的基础上。若没有通信子网，则网络不能工作；而若没有资源子网，则通信子网的信息传输会失去意义。因此，这两者结合起来就组成了统一的资源共享的两层网络。

图 4-3　计算机-计算机网络

这一时期的网络特点是：连接到网络中的每台计算机本身就是一台完整的独立设备，这些计算机可以独立启动、运行和停机，所有用户都可以共享系统的硬件、软件和数据资源。

此后，计算机网络得到了迅猛的发展，各大计算机公司都相继推出了自己的网络体系结构和相应的软硬件产品。用户只需使用计算机公司提供的网络产品，就可以通过专用或租用通信线路组建计算机网络。例如，IBM 公司的 SNA（System Network Architecture）和 DEC 公司的 DNA（Digital Network Architecture），凡是按 SNA 组建的网络都可称为 SNA 网，而按 DNA 组建的网络都可称为 DNA 网或 DECnet。

3. 体系结构标准化网络

经过了 20 世纪 60 年代和 20 世纪 70 年代前期的发展，人们对组网的理论、方法和技术的研究日趋成熟。为了促进网络产品的开发，各大计算机公司纷纷制定自己的网络技术标准，最终促成国际标准的制定。到 20 世纪 70 年代末，国际标准化组织（International Organization for Standardization，ISO）成立了专门的工作组来制定计算机网络的标准。在研究、吸收各计算机制造厂家的网络体系结构标准化经验的基础上，ISO 制定了开放系统互连参考模型（Open Systems Interconnection Reference Model，OSI/RM）。该模型旨在方便异种计算机的互连，以构建网络。OSI/RM 规定了可以互连的计算机系统之间的通信协议，遵守 OSI 协议的网络通信产品都是开放系统。今天，几乎所有网络产品厂商都声称自己的产品是开放系统，不遵守国际标准的产品逐渐失去了市场。这种统一的标准化产品互相竞争的市场对网络技术的发展起到了促进作用。图 4-4 所示为现代计算机网络。

4. Internet 的广泛应用与高速网络技术的发展

20 世纪 90 年代，网络技术领域最热门的话题是 Internet 与高速通信网络技术、接入网、网络与信息安全技术。Internet 作为世界性的信息网络，在经济、文化、科学研究、教育与人类社会生活领域发挥着越来越重要的作用。宽带网络技术的发展为全球信息高速公路的建设提供了技术基础。用户可以利用 Internet 实现全球范围的电子邮件、WWW 信息查询与浏览、文件传输、语音与图像通信服务功能。它对推动世界科学、文化、经济和社会的发展有不可估量的作用。

图 4-4　现代计算机网络

4.1.3　计算机网络系统的组成

计算机网络是一个非常复杂的系统，网络的组成根据应用范围、目的、规模、结构及采用技术的不同而不尽相同。

处于不同位置且具有独立功能和不同资源的计算机系统，通过通信设备和线路连接起来，形成计算机网络，并在网络协议和软件的支持下实现不同用户对网络资源的共享。从网络逻辑功能角度来看，计算机网络可以分为通信子网和资源子网。

通信子网处于网络的内层，由通信控制设备、通信线路等组成，它承担网络的传输、转发等任务。通信子网一般由路由器、交换机、服务器和通信线路等设备组成。

资源子网也称为用户子网，它处于网络的外层，由网络中的所有计算机系统、数据终端、网络设备、各种软件资源和信息资源等组成。资源子网负责全网的数据处理，向网络用户提供各种网络资源和网络服务。

计算机网络一般包括计算机系统、通信线路及通信设备、网络协议和网络软件等 4 个部分。

1. 计算机系统

计算机系统的主要任务是数据的收集、处理、存储、传播和提供资源共享。计算机网络连接的计算机可以是巨型机、大型机、微型机及其他数据终端设备。

2. 通信线路及通信设备

通信线路指各种传输介质及其连接部件，主要包括光纤、双绞线、同轴电缆等；通信设备指网络互连设备，包括网卡、集线器（Hub）、交换机、路由器和调制解调器等。通信线路和通信设备负责控制数据的发送、传输、接收或转发。

3. 网络协议

为了使网络实现正常的数据通信，通信双方之间必须有一套彼此能够互相了解和共同遵守的规则和约定，这些规则和约定就称为网络协议。

现代网络大多采用层次结构，网络协议规定了分层原则、层间关系、信号传输的方向等内容。在网络上的通信双方必须遵守规定的协议才能实现信息交流。

4. 网络软件

网络软件是在网络环境下使用或管理网络的计算机软件。根据软件的功能，网络软件可分为网络系统软件和网络应用软件两大类。

网络系统软件用于控制和管理网络运行、提供网络通信和网络资源分配与共享功能，并为用户提供各种网络服务。网络系统软件主要包括各种网络协议软件、网络服务软件、网络操作系统等。其中网络操作系统是一组对网络内的资源进行统一管理和调度的程序集合，同时，网络操作系统也是网络用户和网络系统软件之间的接口。无论是什么样的网络环境，都需要网络操作系统的支持。网络操作系统除了具有一般操作系统的功能外，还具有网络环境下的通信、网络资源管理、网络服务等特定功能。网络操作系统是计算机网络软件的核心和基础。

网络应用软件是指为某个应用目的而开发的网络软件，如浏览器软件、即时通信软件、下载软件、远程教学软件、电子图书馆软件等。

4.1.4　计算机网络的分类

目前计算机网络的分类方法有许多，常用的是根据网络的覆盖范围或网络的拓扑结构分类；也可以按所采用的传输介质分为双绞线网、同轴电缆网、光纤网、无线网；还可以按信道的带宽分为窄带网和宽带网等。

1. 按网络覆盖范围进行分类

（1）局域网

局域网（Local Area Network，LAN）是将小区域内的各种网络设备互连在一起的网络，其分布范围局限在一个房间、一幢大楼或一个校园内，用于连接微型计算机、工作站和各类外设，以实现资源共享和信息交换。

LAN 具有以下特性：数据传输速度快（一般在 10Mbit/s～1Gbit/s），存在于限定的地理区域（一般为几千米范围内），建造成本较低。

（2）广域网

广域网（Wide Area Network，WAN）也称远程网，其分布范围可达数百至数千千米，可覆盖一个地区、一个国家，甚至全球。

WAN 具有以下特征：在地理范围上没有限制，长距离的数据传输容易出现错误，可以连接多种 LAN，建造成本很高。

（3）城域网

城域网（Metropolitan Area Network，MAN）是介于局域网与广域网之间的一种高速网络，可以将其视为局域网技术与广域网技术相结合的一种应用。它可以为一个较大的地理区域（几十千米的范围内）提供数据传输服务。

一般来说，局域网都用在一些局部的、地理位置相近的场合，如一个家庭、一个机房或一栋办公楼。而广域网则与局域网相反，它可以用于地理位置相差甚远的场合，如两个国家之间。此外，局域网中包含的计算机数目一般相当有限，而广域网中包含的计算机数目可多达几百万台。可见局域网与广域网在规模和使用范围上相差较大，但这并不意味着两种类型的网络没有任何的联系，恰恰相反，它们之间联系紧密，因为广域网就是由多个局域网组成的。

从技术角度来说，广域网和局域网在连接方式上有所不同。例如，一个局域网通常是在一个单位拥有的建筑物里用本单位所拥有的电缆线连接起来的，即网络隶属于该单位；而广域网不同，它通常是租用一些公用的通信服务设施连接起来的，如公用的无线电通信设备、微波通信线路、光纤通信线路和卫星通信线路等，通过使用这些设备可以突破空间距离的限制。

2．按网络拓扑结构进行分类

网络拓扑结构是指网络节点和链路所构成的网络几何图形。网络中的各种设备称为网络节点，在两个节点之间传输信号的线路称为链路。按网络拓扑结构来分类，计算机网络可以分为星形网、环形网、总线型网、树形网、网形网和混合型网。

（1）星形网

星形网的星形拓扑结构是最早采用的拓扑结构形式之一，其每个节点都通过连接电缆与主控机相连，如图 4-5 所示。相关节点之间的通信都由主控机控制，所以要求主控机有很高的可靠性。这种结构采用一种集中控制方式。其优点是结构简单，控制处理也较为简便，增加工作节点十分容易；其缺点是一旦主控机出现故障，将会导致整个系统瘫痪。

图 4-5　星形网

（2）环形网

环形网中各工作站依次互相连接组成一个闭合的环形，如图 4-6 所示。信息沿环形线路单向（或双向）传输，由目的节点接收。环形网适合那些数据不需要在主控机上集中处理而主要在各自节点进行处理的情况。其优点是结构简单，成本低；缺点是环中任意一个节点出现故障都可能引起网络瘫痪，可靠性低。

（3）总线型网

总线型网中的各个工作站通过一条总线连接，如图 4-7 所示。总线型网中信息可以沿着两个不同的方向由一个节点传向另一个节点，目前局域网中普遍采用总线型网。其优点是工作站接入或从网络中退出都非常方便，系统中某工作站出现故障也不会影响其他节点之间的通信，系统可靠性较高，结构简单，建造成本低。

图 4-6　环形网　　　　　　　　图 4-7　总线型网

（4）树形网

在树形网中，节点按照层次进行连接，信息交换主要在上下节点间进行。其形状像一棵倒置的树，顶端为根，从根向下分支，每个分支又可以延伸出多个子分支，一直到树叶为止，如图 4-8 所示。这种结构易于扩展，但是一个非叶子节点发生故障很容易导致网络分割。

（5）网形网

网形网的控制功能分散在网络的各个节点上，网上的每个节点都有几条路径与网络相连，如图 4-9 所示。即使一条线路出现故障，通过迂回线路，网络依然能正常工作，但是必须进行路由选择。这种结构可靠性高，但网络控制和路由选择比较复杂，一般应用在广域网上。

图 4-8　树形网　　　　　　　　图 4-9　网形网

（6）混合型网

将两种或几种网络拓扑结构混合起来构成的网络拓扑结构称为混合型拓扑结构（又称杂合型结构）。例如，图 4-10 是将星形拓扑结构和总线型拓扑结构混合起来形成的一种拓扑结构。

图 4-10　混合型拓扑结构

4.2　计算机网络体系结构

计算机网络体系结构从整体角度抽象地定义了计算机网络的构成及各个网络部件之间的逻辑关系和功能，并给出了协调工作的方法和构建计算机网络必须遵守的规则。

4.2.1　网络体系结构概述

在研究计算机网络时，分层次的论述有助于清晰地进行描述，从而帮助我们理解复杂的计算机网络体系结构。

1. 网络协议

就数据发送方的计算机而言，为了把用户数据转换为能在网络上传送的电信号，需要对用户数据分步骤地进行加工处理，其中每一组相对独立的步骤可以看作一个处理层。用户数据通过多个处理层的加工处理后，就会成为一个个包含对方地址、本地地址、用户数据、数据校验信息等在内的能在网络上传输的电信号（比特流）。在每一层中如何加工处理这些数据，把它们加工处理成什么形式，这些规范就是网络协议。

在计算机网络中用于规定信息的格式以及如何发送和接收信息的一套规则、标准或约定称为网络协议，简称协议。协议主要包括如下 3 个要素。

（1）语义

语义规定了控制信息的具体内容，以及发送主机或接收主机所要完成的工作，它主要解决"讲什么"的问题。

（2）语法

语法规定了进行网络通信时，数据的传输和存储格式，以及通信中需要哪些控制信息，它解决"怎么讲"的问题。

（3）时序

时序规定了计算机操作的执行顺序，以及通信过程中的速度匹配，主要解决"顺序和速度"问题。

2. 网络协议的分层

为了简化网络协议的复杂性，可以把网络通信问题划分为许多个小问题，然后为每一个问题设计一个通信协议，这样就可以使每一个协议的设计、分析、编码和测试更加容易。协议分层就是按照信息的流动过程，将网络的整体功能划分为多个不同的功能层，每一层都建立在它的下一层之上，每一层的目的都是为它的上一层提供一定的服务。

网络系统采用层次化的结构有如下优点。

（1）各层之间相互独立，高层不必关心低层的实现细节，可以做到"各司其职"。

（2）某个网络层次的变化不会对其他层次产生影响，因此每个网络层次的软件或设备可单独升级或改造，有利于网络的维护和管理。

（3）分层结构提供了标准接口，使软件开发商和设备生产商易于提供网络软件和网络设备。

（4）分层结构的适应性强，只要服务和接口不变，层内实现方法可任意改变。

3. 网络体系结构

计算机网络层次模型和各层协议的集合定义为网络体系结构。如何划分网络协议的"层"，才能使它既便于理论研究又便于工程实施呢？问题是时代的声音，回答并指导解决问题是理论的根本任务。各国的计算机网络理论研究学者和网络工程专家提出了很多种方案，制定并公布了各自的网络体系结构。其中，有些网络体系结构得到了理论界的推崇而被不断地补充和完善，有些网络体系结构在工程中得到了广泛的应用，还有些被 ISO 采纳，成为计算机网络的国际标准。常见的计算机网络体系结构有 OSI/RM、TCP/IP 等。

4.2.2　OSI/RM 网络体系结构

ISO 于 1978 年提出了开放系统互连参考模型。它将计算机网络体系结构的通信协议规定为 7 层，其内容包括通信双方如何及时访问传输介质、发送方和接收方如何进行联系和同步、指定信息传送的目的地、提供差错的监测和恢复手段、确保通信双方互相理解等。

OSI/RM 从高层到低层依次是应用层、表示层、会话层、传输层、网络层、数据链路层和物理层。OSI/RM 要求双方只能在同级进行通信，但实际通信是自上而下，经由物理层通信，再自下而上发送到对等的层次，如图 4-11 所示。

图 4-11 OSI/RM

1. 物理层

物理层提供机械、电气、功能和过程特征，使数据链路实体之间建立、保持和终止物理连接。它对通信介质、调制技术、传输速率、插头等具体特性进行说明。

2. 数据链路层

数据链路层实现以帧为单位的数据块交换，包括帧的装配、分解及差错处理的管理，如果数据帧被破坏，则发送端能自动重发。因此，帧是两个数据链路实体进行交换的数据单元。

3. 网络层

网络层主要控制两个实体间路径的选择，建立或拆除实体之间的连接。在局域网中，往往两个实体间只有一条通道，不存在路径选择问题，但涉及几个局域网互连时就要选择路径。在网络层中交换的数据单元称为报文组或包。网络层还具有阻塞控制、信息包顺序控制和网络记账等功能。

4. 传输层

传输层提供两个会话实体（又称端—端、主机—主机）之间透明的数据传送，并进行差错恢复、流量控制等，该层实现独立于网络通信的端—端报文交换，为计算机节点之间的连接提供服务。

5. 会话层

会话层在协同操作的情况下保持节点间的交互性活动，包括建立、识别、拆除用户进程间的连接，处理某些同步和恢复问题。为建立会话，双方的会话层应该核实对方是否有权参与会话，确定由哪一方支付通信费用，并在选择功能上取得一致。因此该层是用户连接到网络上的接口。

6. 表示层

表示层用于进行数据转换，提供标准的应用接口和通用的通信服务，使双方均能理解接收到的对方数据的含义，如文本压缩、数据编码和加密、文件格式转换等。

7. 应用层

应用层是通信用户之间的窗口。各种应用服务程序在此层进行通信，如分布式数据库、分布式文件系统、电子邮件等。

OSI/RM 对人们研究网络起了重要的指导作用，但是，OSI/RM 本身并不是网络体系结构的全部内容，这是因为它并未确切地描述用于各层的服务和协议，而仅仅告诉我们每一层应该做什么。OSI/RM 已经为各层制定了标准，它们是作为独立的国际标准公布的。

OSI/RM 从理论上来说，是一个试图达到理想标准的网络体系结构，因此一直到 20 世纪 90 年代初，整套标准才制定完善。尽管 OSI/RM 具有层次清晰、便于论述等优点，并因此得到了计算机网络理论界的推崇，但是符合该模型标准的网络从来没有被实现过。因为网络应用界有人认为，OSI/RM 实施起来过于繁杂，运行效率太低；还有人认为 OSI/RM 中层次的划分不够精练，许多功能在不同层中有所重复，且 OSI/RM 制定的周期过于漫长。所以，另一套实用的 TCP/IP 网络体系结构就很快地占领了计算机网络市场，成为事实上的国际标准，并被沿用至今。

4.2.3　TCP/IP 网络体系结构

TCP/IP 是一整套数据通信协议族。该协议族由传输控制协议（Transmission Control Protocol，TCP）和互联网协议（Internet Protocol，IP）组成。

TCP/IP 是针对网络开发的网络互连通信协议族，网络中的各种异构网或主机通过 TCP/IP 可以实现相互通信。与其他分层通信协议相同，TCP/IP 将不同的通信功能集成到不同的网络层次，形成一个具有 4 个层次的体系结构。TCP/IP 体系结构从高层到低层依次是应用层、传输层、网际层、网络接口层。TCP/IP 参考模型与 OSI/RM 的对应关系如图 4-12 所示。

TCP/IP 协议族中包含了许多协议，如图 4-13 所示。一般来说，TCP 提供传输层服务，而 IP 提供网络层服务。

1. 应用层

应用层是指使用 TCP/IP 进行通信的应用程序。应用层协议可以分为面向连接的 TCP、面向无连接的用户数据报协议（User Datagram Protocol，UDP）和既是 TCP 也是 UDP 的协议这 3 类。

TCP/IP参考模型		OSI/RM
应用层	↔	应用层
		表示层
		会话层
传输层	↔	传输层
网际层	↔	网络层
网络接口层	↔	数据链路层
		物理层

图 4-12　TCP/IP 参考模型与 OSI/RM

Telnet	FTP	SMTP	DNS	RIP	SNMP
TCP			UDP		
IP			ARP/RARP		ICMP
以太网		令牌环	帧中继		异步传输

图 4-13　TCP/IP 协议族

（1）以 TCP 为基础的协议主要有文件传送协议（File Transfer Protocol，FTP）、简单邮件传送协议（Simple Mail Transfer Protocol，SMTP）、超文本传送协议（Hypertext Transport Protocol，HTTP）和远程上机协议（Telnet Protocol）。

① FTP 的功能是实现 Internet 中的交互式文件传输。

② SMTP 的功能是实现 Internet 中电子邮件的传输。

③ HTTP 的功能是实现万维网服务。

④ Telnet 的功能是实现 Internet 中的远程登录。

（2）以 UDP 为基础的协议，主要包括简单网络管理协议（Simple Network Management Protocol，SNMP）、简单文件传送协议（Trivial File Transfer Protocol，TFTP）。

① SNMP 的功能是管理网络效能，发现并解决网络问题，以及规划网络增长。

② TFTP 的功能是实现小文件的传输。

（3）既是 TCP 又是 UDP 的协议包含域名系统（Domain Name System，DNS）和路由信息协议（Routing Information Protocol，RIP）。

① DNS 的功能是实现网络设备名称到 IP 地址映射的网络服务。

② RIP 的功能是实现网络设备之间的交换路由信息服务。

2. 传输层

传输层提供端—端的数据传输，确保数据交换的可靠性，并能同时支持多个应用。在网络中的连接服务被定义成以下 3 种。

（1）无连接服务

这种服务的特点是能够实现网络之间的不可靠连接，相对应的无连接协议也是不可靠协议。其优点是实现速度快，缺点是可靠性差。

（2）面向连接服务

这种服务的特点是实现网络之间的可靠连接，相对应的面向连接协议也是实现网络之间的可靠性连接。其优点是连接可靠性强，缺点是速度慢。

（3）点—点服务

这种服务以直接连接方式实现两点之间的数据传输。其优点是可靠性好而且速度快，缺点是成本过高，不可能在 Internet 上实现。

传输层的主要协议是 TCP 和 UDP。TCP 提供面向连接的、可靠的数据传输服务，而 UDP 提供的是无连接的、不可靠的基于数据报的服务。在使用 TCP 进行传输的过程中，发送方在被传输数据中增加一些控制数据，数据接收方接收到数据后需要返回一个回执，这样就能确保数据交换的可靠性。使用 UDP 作为传输层协议的应用应该提供自己的端—端的数据流控制，以保证一定的可靠性，UDP 通常用于需要快速传输的应用场景。

3. 网际层

IP 是网际层中最重要的协议，它是一个无连接的报文分组发送协议。其功能包括处理来自传输层的分组发送请求、路径选择、转发数据报等，但并不具有可靠性，也不提供错误修复等功能。在 TCP/IP 网络上传输的基本信息单元是 IP 数据报（Datagram）。网际层的主要协议还包括地址解析协议（Address Resolution Protocol，ARP）和反向地址解析协议（Reverse Address Resolution Protocol，RARP），它们的主要功能是实现网卡的物理地址与 IP 地址的解析；互联网控制报文协议（Internet Control Message Protocol，ICMP）的主要功能是实现对 IP 的可靠性保障。

4. 网络接口层

网络接口层用于提供网络硬件设备的接口。这个接口可能提供可靠的传送；也可能提供不可靠的传送；可能是面向数据报的，也可能是面向数据流的。TCP/IP 在这一层并没有规定任何的协议，但可以使用绝大多数的网络接口。

4.3　网络互连设备

计算机与计算机，或客户机与服务器连接时，除了需要传输介质以外，还需要各种网络互连设备，如网卡、调制解调器、交换机、路由器等。下面按 OSI/RM 的不同层次对网络互连设备以及常见的网络传输介质进行介绍。

4.3.1　物理层网络设备

物理层网络设备的主要功能包括设备的物理连接与电信号匹配，完成比特流的传输。

1. 调制解调器

调制解调器（Modem）是一种信号转换设备。在发送数字信号时，调制解调器将基带数字信号的波形转换成适用于模拟信道传输的波形（这并不会改变数据的内容）；在接收时，解调器将经过调制器变换所形成的模拟信号恢复成原来的数字信号。

按通信接入技术分类，Modem 有以下 4 种类型。

（1）Modem

一般指音频 Modem，它利用公用电话交换网（Public Switched Telephone Network，PSTN）进行网络通信。由于电话线路是普及率最高的通信线路，因此，它对使用环境的要求最低。

（2）ADSL Modem

非对称数字用户线环路调制解调器（Asymmetric Digital Subscriber Line Modem，ADSL Modem）利用电话线路进行网络通信，最高传输速率为 8Mbit/s，如图 4-14 所示。该设备对使用环境有一定的要求。

（3）Cable Modem

电缆调制解调器（Cable Modem）利用有线电视网进行网络数据传输，最高传输速率为 10Mbit/s。

（4）基带 Modem

基带 Modem 主要应用于企业计算机网络，常用于连接企业本地路由器与远程路由器。

2. 中继器

中继器是一种用于对信号进行放大和整形的网络设备，如图 4-15 所示。信号在网络传输的过程中，因为线材本身的阻抗会使信号变得越来越弱，导致信号衰减失真；当网线超过一定长度，信号就会衰减到无法识别的程度。中继器的主要功能是重新整理接收到的信号，使其恢复成原来的波形和强度，然后继续传送下去。这样一来，信号就可以传得更远。

图 4-14　ADSL Modem　　　　　　　图 4-15　中继器

3. 集线器

集线器是一种将多台计算机连接在一起，从而构成一个计算机局域网的网络互联设备。集线器实际上是一种多端口中继器，如图 4-16 所示。它采用共享带宽的方式进行数据传输。集线器只对数据的传输进行同步、放大和整形；而对数据传输中的缺帧、碎片等现象无法进行有效的处理，因此其不能保证数据传输的完整性和正确性。

图 4-16　集线器

集线器主要用于小型局域网，一般有 4、8、16、24 等数量的 RJ-45 接口，计算机或网络交换机通过这些接口连接。

集线器的最大优点是价格便宜。它的缺点主要有：用户共享网络带宽；以广播方式传输数据，容易造成网络阻塞。

4.3.2　数据链路层网络设备

1. 网卡

网卡（又称网络适配器）是数据链路层的网络互连设备，如图 4-17 所示。有些计算机的主板上已经集成了网卡设备，因此不需要单独安装网卡。在服务器、路由器、防火墙等设备中，往往安装有多个网卡。

网卡一般采用 RJ-45 接口，笔记本电脑一般采用 USB 接口，部分服务器网卡采用光纤接口。网卡的数据传输速率有 10Mbit/s、100Mbit/s、1000Mbit/s 等。有许多网卡既可以连接到 10Mbit/s 的网络上，也可以连接到 100Mbit/s 的网络上，这种网卡称为自适应网卡。

网卡应与网络传输介质类型一致，网卡的质量在很大程度上决定了网络的性能。网卡故障可能导致网络阻塞或瘫痪。

服务器网卡应具备较高的数据传输速率，较低的 CPU 占用率，并具有网络管理等功能。

2. 网桥

网桥是一种数据链路层设备，主要用于连接两个同构的相互独立的计算机网络。同构主要指网络的拓扑结构相同、网络协议相同；独立的计算机网络指连接在不同的二层交换设备（如交换机）中的网络。

网桥的主要功能是进行数据帧转发、数据帧过滤和路径选择。网桥的连接方式如图 4-18 所示。

图 4-17　网卡　　　　　　　图 4-18　网桥的连接方式

在中小型计算机网络中，极少有单独的网桥设备，往往利用交换机作为一个多端口网桥设备。

3. 交换机

交换机从网桥发展而来，我国通信行业标准 YD/T 1099-2013《以太网交换机技术要求》中对以太网交换机的定义是："以太网交换机实质上是支持以太网接口的多端口网桥。交换机通常使用硬件实现过滤、学习和转发数据帧。交换机必须实现网桥功能中的相应功能。"

交换机产品有以太网交换机、ATM 网交换机、电话网程控交换机。计算机网络主要采用以太网交换机（见图 4-19）。

图 4-19　以太网交换机

4.3.3　网络层网络设备

1. 网关

网关主要用于连接两个异构的相互独立的网络，人们在早期也将路由器称为网关。网关可以工作在网络模型的不同层次，但是目前常见的网关是路由器，它属于网络层互连设备。在目前的局域网中，很少使用单独的网关产品，一般采用路由器作为网关。

2. 路由器

根据我国发布的 YD/T 1156-2009《路由器测试规范——高端路由器》，路由器是工作在 OSI/RM 的第 3 层（网络层）的数据包转发设备，如图 4-20 所示。路由器通过转发数据包实现网络互连。虽然路由器支持多种网络协议（如 TCP/IP、IPX/SPX、AppleTalk 等），但是我国绝大多数路由器都使用 TCP/IP。

图 4-20　路由器

路由器的主要功能如下。

（1）网络连接功能

路由器可以连接相同的网络或不同的网络，既可以连接两个局域网，也可以连接局域网与广域网，还可以连接广域网与广域网。

（2）通信协议转换功能

路由器可以实现不同网络之间通信协议的转换，如 TCP/IP、PPP、X.25、FR、ATM 等协议之间的转换。

（3）数据包转发功能

路由器可以在各个端口之间转发数据包。

（4）路由信息维护功能

路由器负责运行路由协议并维护路由表。

（5）管理控制功能

路由器的管理控制功能包括 SNMP 代理、Telnet 服务器、本地管理、远程监控、地址分配等。

（6）安全功能

路由器的安全功能包括数据包过滤、地址转换、访问控制、数据加密、防火墙等。

4.3.4 传输介质

传输介质是指传送信息的载体，在网络中是连接收发双方的物理线路。传输介质可分为有线传输介质和无线传输介质，有线传输介质可传输模拟信号和数字信号，无线传输介质大多传输模拟信号。

1. 有线传输介质

常见的有线传输介质有双绞线、同轴电缆和光纤等。

（1）双绞线

双绞线由扭绞在一起的两根绝缘导线组成，导线对扭在一起可以减少相互间的辐射电磁干扰。双绞线是最常用的传输介质，其结构如图 4-21 所示。双绞线一般是铜质的，有良好的传导率。用双绞线传输模拟信号，每 5～6km 需要配置一个放大器；而用双绞线传输数字信号，每 2～3km 就需要配置一个中继器，因此很少用双绞线传输数字信号。

图 4-21　双绞线结构

双绞线也可用于局域网，如 10BASE-T 和 100BASE-T 总线，可分别提供 10Mbit/s 和 100Mbit/s 的数据传输速率。通常将多对双绞线封装于一个绝缘套里组成双绞线电缆，局域网中常用的三类双绞线和五类双绞线，均由 4 对双绞线组成，三类双绞线常用于 10BASE-T 总线局域网，五类双绞线常用于 100BASE-T 总线局域网。

双绞线普遍适用于"点—点"的连接。双绞线可以很容易地在 15km 或更大范围内支持数据传输。局域网的双绞线主要用于一栋建筑物内或几栋建筑物间的通信，但在 10Mbit/s 和 100Mbit/s 传输速率的 10BASE-T 和 100BASE-T 的总线传输距离都不超过 100m。

双绞线的抗干扰性能不如同轴电缆，但双绞线比同轴电缆便宜。

（2）同轴电缆

同轴电缆也像双绞线一样由一对导体组成，但它们是按同轴的形式构成线对的，其最里层是内芯，向外依次为绝缘层、屏蔽层，最外层是起保护作用的塑料护套。内芯和屏蔽层构成一对导体，其结构如图 4-22 所示。

同轴电缆分为基带同轴电缆和宽带同轴电缆。基带同轴电缆又可以分为粗缆和细缆两种，用于传送数字信号；宽带同轴电缆可用于传输频分多路复用的模拟信号，也可用于不使用频分多路复用的高速数据通信和模拟信号的传输，闭路电视所使用的 CATV 电缆就是宽带同轴电缆。

同轴电缆适用于"点—点"连接和多点连接，基带同轴电缆每段可支持几百台设备，在大型系统中还可以用转接器将各段连接起来；宽带同轴电缆可支持数千台设备，但在高数据传输速率（50Mbit/s）下使用宽带电缆时，设备数目一般限制在20～30台。

同轴电缆的传输距离取决于传输信号的形式和传输的速率，典型基带同轴电缆的最大距离限制在几千米内。在相同传输速率的条件下，粗缆的传输距离较细缆的长。

同轴电缆的抗干扰性能比双绞线好，但价格比双绞线高，比光纤低。

（3）光纤

光纤是光导纤维的简称，它由能传导光波的石英玻璃纤维（纤芯）和保护层（包层和涂覆层）构成，其结构如图 4-23 所示。相比于金属导线，光纤具有重量轻、线径小的特点。用光纤传输信号时，在发送端要先将电信号转换成光信号，并在接收端经由光检测器将光信号还原成电信号。

图 4-22　同轴电缆结构　　　　　　图 4-23　光纤结构

光纤在计算机网络中普遍采用"点—点"的连接方式，可以在几十万米的距离内不使用中继器传输，因此光纤适合在几个建筑物之间通过"点—点"的连接方式连接局域网。由于光纤具有不受电磁干扰和噪声影响的特征，因此适宜长距离保持高速数据传输率，而且能提供很好的安全性。

2. 无线传输介质

目前，可用于通信的无线传输介质有微波、红外线、激光等。

（1）微波

微波通信分为地面微波通信和卫星微波通信两种方式。

微波通信主要利用地面微波实现。由于微波在空间内是直线传播的，而地球表面是一个曲面，其传播距离一般限制在 50km 左右，而且微波不能穿透金属材质。因此，为实现远距离通信，需要建立微波中继站进行接力通信，如图 4-24 所示。

图 4-24　地面微波通信

卫星微波通信就是利用地球同步卫星作为微波中继站实现远距离通信的，如图 4-25 所示。作为微波中继站的卫星，带有微波接收和发射装置，地面站将信号发送到卫星，再由卫星将信号转发至另一个地面站。当地球同步卫星位于 36 000km 的高空时，其发射角可以覆盖地球表面 1/3 的区域。

图 4-25　卫星微波通信

（2）红外线

电视机遥控器采用红外线进行通信，计算机网络也可以使用红外线进行数据通信。红外线一般局限于一个很小的区域（如在一个房间内），并且经常要求发送器直接指向接收器。红外硬件与其他设备相比更加便宜，并且不需要架设天线。红外线通信示意如图 4-26 所示。

（3）激光

激光束除了用于光纤通信外，也能在空中传输信号。与微波通信系统相似，激光通信系统通常由两个基站组成，每个基站都配备发送和接收装置，安装在一个固定的位置（通常在一个高塔上），并且相互对准，以便一个基站的发送装置将光束直接发送至另一个基站的接收装置。

由于激光是直线传输的，而且激光光束不能被阻挡、不能穿透植物以及雪雾等，因此，激光传输的应用受到了一定的限制。激光通信示意如图 4-27 所示。

图 4-26　红外线通信示意

图 4-27　激光通信示意

4.3.5　其他网络设备

1. 防火墙

防火墙是外部网络与内部网络之间的一个安全网关。防火墙是一种形象的说法，其实它是计算机硬件和软件的组合，它在内部网络与外部网之间建立起一道安全的屏障，从而使内部网络免受非法用户的入侵。

防火墙可以工作在网络的各个层次，如工作在应用层的软件防火墙，以及工作在传输层和网络层的硬件防火墙。因此，很难将它划分到某一个固定的层次。

硬件防火墙与计算机的结构类似，包含 CPU、内存、硬盘等基本部件，主板上有南北桥芯片，一般采用机架式结构。防火墙集成两个以上的以太网卡，因为它需要连接一个以上的内部网络和外部网络，此外防火墙的硬盘中安装有网络操作系统和专业防火墙程序。有一些防火墙安装通用的网络操作系统（如 FreeBSD），还有一些防火墙采用专用操作系统（如 ScreenOS）。防火墙程序主要有包过滤程序、代理服务器程序、路由程序等，有些防火墙还把日志也记录在硬盘上。一般地，防火墙要具有非常高的稳定性，并且需要具备较强的系统吞吐性能。

2. 网络服务器

服务器一词在网络中有两层含义，一层含义是指提供某种网络服务的系统软件，如常用的 DNS 服务器、Web 服务器、FTP 服务器、E-mail 服务器等；另一层含义是指运行某种网络服务软件的计算机（称为服务器主机更为合适）。

与防火墙一样，服务器也可以工作在网络的各个层次，如工作在应用层、传输层和网络层等。因此，同样很难将它划分到某一个固定的层次。

从市场应用来看，我国很多网络节点都采用 IA 架构服务器。IA 架构服务器基于 PC 体系结构，采用 Intel 或与 Intel 兼容的 CPU（主要是 AMD 系列 CPU），因此 IA 架构服务器也称为 PC 服务器。

PC 服务器虽然从 PC 发展而来，但在技术上与 PC 有很大差别。PC 服务器的制造工艺复杂，生产难度较大，目前只有少数厂商有能力生产中高档 PC 服务器，因为 PC 服务器对数据处理能力、I/O 性能、可靠性、安全性、扩展能力和系统检测等有特殊的严格要求。PC 服务器一般运行在 Windows、Linux、FreeBSD 等操作系统下，突出的优势在于性价比高、应用软件丰富、用户群体庞大。

4.4　局域网技术

局域网技术是当前计算机网络研究和应用的一个热点，也是技术发展最快的领域之一。

4.4.1　局域网概述

1. 局域网的定义

局域网技术是计算机网络技术中的一个正处于飞速发展和广泛应用阶段的独立分支。1975 年美国 Xerox 公司研制的第一个总线争用型实验性以太网（Ethernet），以及 1974 年英国剑桥大学开发的剑桥环网（Cambridge Ring），为局域网理论和方法的完善以及局域网的实现奠定了基础，对局域网的进一步发展起到了非常重要的作用。

目前流行的局域网种类繁多，例如，Novell 公司的 Novell 网、IBM 公司的 IBM Token-ring 网、3COM 公司的 3COM Ether 网、微软公司的 Windows NT 网等。随着计算机技术、网络通信技术及其应用的飞速发展，市场上将会出现更多、更先进的局域网产品。

局域网是一种在局部范围内传递信息和共享资源的网络系统，广义上可将其理解为一种支持各类数据通信设备互连且支持信息交换和资源共享的计算机网络系统；狭义上可将其理解为在有限的距离内（如一幢或一群建筑物内）将计算机、终端及各类外部设备（如大容量硬盘系统、高速打印机等）通过高速传输线路连接而成的通信网络。

IEEE 认为局域网是一个允许诸多彼此独立的设施，在适中的地理分布区域内，以适中的传输速率，通过物理信道相互进行直接沟通的数据通信系统。IEEE 的定义强调了局域网与计算机类型的无关性，并指出在局域网上的任意两台计算机之间都是无界限且可直接互通信息的。

IEEE 在 1980 年 2 月成立了局域网标准化委员会，专门从事局域网协议的制定，形成了一系列的标准，即 IEEE 802 标准。该标准根据局域网的多种类型规定了各自的拓扑结构、介质访问控制方法、帧的格式和操作等内容。

2. 局域网的特点

区别于广域网，局域网具有以下特点。

（1）地理分布范围较小，一般作用范围为数千米。通常为某个单位所拥有，可以覆盖一幢大楼、一个校园或一个企业。

（2）数据传输速率高，一般为 10Mbit/s～100Mbit/s。这是因为网内所连接的节点数有限，较宽的总带宽被所有的节点共享。目前已出现传输速率达 1Gbit/s，甚至 10Gbit/s 的高速局域网，可用于交换各类数字及非数字（如音频、图像、视频等）信息。

（3）传输时延小、误码率低。这是因为局域网通常采用短距离基带传输，可以使用高质量的传输介质，从而提高数据传输质量。

（4）以 PC 为主体，包括终端及各种外部设备，网络中一般不设置中央主机系统，各节点之间互为平等关系，可以进行广播或组播。

（5）局域网体系结构中一般仅包含 OSI/RM 中的低层功能，即仅涉及通信子网的内容，而且一般都不单独设置网络层。

（6）局域网的协议简单、结构灵活，建网成本低、周期短，便于管理和扩充。

3. 局域网主要技术

局域网技术包括拓扑结构、传输介质和介质访问控制技术 3 个主要方面。

（1）拓扑结构：常见的局域网拓扑结构是总线型结构，其次为星形、环形和树形结构。

（2）传输介质：局域网采用的主要传输介质为双绞线、同轴电缆和光纤。

（3）介质访问控制技术：局域网采用的介质访问控制技术有适用于总线型拓扑结构的载波监听多路访问协议、适用于总线型和树形拓扑结构的令牌总线协议和适用于环形拓扑结构的令牌环协议。

4.4.2　局域网体系结构

局域网的体系结构与 OSI/RM 有相当的区别。因为物理连接及比特流的传输都需要通过物理层，所以物理层显然是需要的。然而局域网不存在路由选择问题，所以可以不需要网络层。由于局域网的种类繁多，其介质访问控制的方法也各不相同，为了使数据链路层不致过于复杂，可将局域网的数据链路层划分为两个子层，即介质访问控制（Medium Access Control，MAC）子层和逻辑链路控制（Logical Link Control，LLC）子层，如图 4-28 所示。

图 4-28　局域网的参考模型与 OSI/RM 的对比

因此，与 OSI/RM 相比，局域网的参考模型只相当于 OSI/RM 的最低两层。其中，MAC 子层负责在物理层的基础上进行无差错的通信和访问与各种传输介质有关的问题，在数据链路层中与介质访问无关的部分都集中在 LLC 子层。

4.4.3　以太网

以历史上曾经表示电磁波传播介质的以太（Ether）命名的以太网，是目前应用最广泛的局域网之一。

1975 年，美国 Xerox 公司成功研制了采用无源总线电缆作为传输介质的以太网。此后，Xerox 公司与 DEC 公司、Intel 公司合作，推出了以太网产品规范，该规范也成为 IEEE 802 标准系列中第一个局域网标准。

以太网所采用的介质访问控制方法就是后来成为 IEEE 802.3 标准的带冲突检测的载波监听多路访问（Carrier Sense Multiple Access with Collision Dectection，CSMA/CD），所以 IEEE 802.3 标准与以太网标准有很多相似之处。尽管它们之间也存在一定的差别，例如，IEEE 802.3 标准提供的服务对应于 OSI/RM 的物理层以及数据链路层中的介质访问控制部分（即 MAC 子层），但当不涉及网络协议的细节时，通常将 IEEE 802.3 标准作为以太网标准的同义词。

CSMA/CD 协议是一种争用型的介质访问控制协议。它起源于美国夏威夷大学开发的 ALOHA 网所采用的争用型协议，研究人员对其进行了改进，使之具有更高的介质利用率。它的工作原理为：发送数据前首先监听信道是否空闲，若空闲，则立即发送数据；在发送数据时，可边发送边继续监听，若监听到冲突，则立即停止发送数据，并发送一个阻塞信号通知其他站点，等待一段随机时间后重新开始发送数据。

1. 以太网的优点

（1）传输速率较高，为高速信息传输提供了物理基础。

（2）结构简单、灵活，便于扩充，易于实现。

（3）工作可靠，单个工作站发生故障不会影响整个网络的检测和诊断，便于维护和故障恢复。

2. 经典以太网

经典以太网是 10Mbit/s 的基带总线局域网，它提供了对各种协议和计算机平台的支持。连接以太网时，可以使用不同类型的电缆。不同类型的电缆支持不同的网络速度和电缆长度。每种电缆都有其特定的使用范围和性能。经典以太网主要使用的电缆有同轴电缆和双绞线。使用不同的实现方法时，其所用的标准也是不同的。除了选用电缆的标准外，根据不同传输的速率和性能，所用的标准也不尽相同。

以太网采用的拓扑结构和布线标准如下。

（1）10BASE-T，双绞线缆，星形结构，最大单段电缆长度为 100m。

（2）10BASE-5，同轴电缆，总线型结构，最大单段电缆长度为 500m。

（3）10BASE-2，同轴电缆（RG-58A/U 型），总线型结构，最大单段电缆长度为 185m。

（4）10BASE-F，光缆作为主干电缆，星形结构，最大单段电缆可以达 2km。

其中，每种标准都有其自己的优势和局限。例如，10BASE-5 和 10BASE-2 可以提供比 10BASE-T 更远的传输距离，但它们必须以总线型拓扑结构进行布线，这种结构和令牌环一样，存在一旦出现电缆故障整个网络就可能失效的问题；10BASE-T 能在星形的拓扑结构上提供高速的数据传输速率，然而它的传输距离很有限；10BASE-F 作为一种网络布线方案，虽然其传输距离远，但用它进行高速数据传输时，成本会比其他几个标准高。

3. 快速以太网

1993 年，有 40 多家网络厂商加入快速以太网联盟，共同开发 100BASE-T 快速以太网标准，以建立统一的、可以操作的国际标准。100BASE-T 快速以太网是在 10BASE-T 以太网的基础上发展而来的。它保留了 CSMA/CD 协议，使 10BASE-T 和 100BASE-T 站点间进行数据通信时不需要进行协议转换。这就要求制造商提供成本较低的快速以太网产品，使它们既可以在 10Mbit/s 网络上应用，也可以在 100Mbit/s 网络上应用，可方便地将 100BASE-T 网络与现有的 10BASE-T 网络集成在一起。

1995 年 9 月，IEEE 802 委员会正式批准了快速以太网标准 IEEE 802.3u。IEEE 802.3u 标准在 LLC 子层使用 IEEE 802.2 标准，在 MAC 子层使用 CSMA/CD 方法，并在物理层做了调整，定义了新的物理层标准 100BASE-T。100BASE-T 标准采用介质独立接口（Media Independent Interface，MID），它将 MAC 子层与物理层分隔开来，使物理层实现 100Mbit/s 速率时所使用的传输介质和信号编码方式的变化不会影响 MAC 子层。

随着个人计算机和应用程序功能的不断增加，网络用户日益增多，所产生的数据量也越来越大，因此网络带宽成为增强网络功能的一个瓶颈。100BASE-T 快速以太网则较好地解决了这一问题。快速以太网能显著地提高工作站和服务器的传输带宽，从而可以安全地增大网络的负载。

4．吉比特以太网

随着多媒体、网络分布计算等技术的不断发展，用户对局域网带宽提出了更高的要求。同时，100Mbit/s 快速以太网也要求主干网服务器具有更高的带宽，虽然快速以太网是高速局域网方案中的首选技术，具有高可靠性、易扩展性、低成本等优点，但带宽受到限制。为了适应日益增大的用户业务对带宽的需求，吉比特以太网应运而生。

吉比特以太网技术作为最新的高速以太网技术，给用户带来了优化核心网络的有效解决方案，这种解决方案的最大优点是继承了传统以太网技术价格低廉的特点。吉比特以太网技术仍然是以太网技术，采用与 10Mbit/s 以太网相同的帧格式、全/半双工工作方式，以及流控模式。由于该技术不改变传统以太网络的帧结构、网络协议、桌面应用、操作系统及布线系统，因此该技术有良好的市场前景。

吉比特以太网技术有两个标准，即 IEEE 802.3z 和 IEEE 802.3ab。IEEE 802.3z 制定了光纤和短程铜线连接方案的标准，目前已完成了标准制定工作；IEEE 802.3ab 则制定了五类双绞线上较长距离连接方案的标准。在开始时，吉比特以太网主要用于增大交换机之间或交换机与服务器之间的连接带宽。

5．以太网的物理地址

在以太网中，每一个网络中的主机都有一个硬件地址，这个硬件地址又称为物理地址或 MAC 地址。IEEE 802.3 标准为局域网规定了一种 48bit 的地址，局域网的每台计算机都在网卡中固化了这个 MAC 地址，用以标识局域网内不同的计算机。MAC 地址由 6 个字节的数据字符串组成，如 00-17-31-EF-ED-2D。

MAC 地址分为两部分：生产商 ID 和设备 ID。前 3 个字节代表网卡生产商，有些生产商有几个不同的生产商 ID；后 3 个字节则代表生产商为具体设备分配的 ID。

在 Windows 操作系统中，可以使用 ipconfig/all 命令检测 MAC 地址，如图 4-29 所示。

图 4-29　使用 ipconfig/all 命令检测 MAC 地址

4.4.4 网络操作系统

网络操作系统（Network Operating System，NOS）是为网络用户提供所需服务的各种软件和有关规程的集合，能使网络上的计算机更方便、更有效地共享网络资源。因此，网络操作系统是网络用户和计算机网络的接口，它管理着网络上的硬件和软件资源，并为网络系统提供安全保障。

1. 网络操作系统的发展与分类

近十几年来，网络操作系统经历了从对等结构向非对等结构的发展，其发展过程如图 4-30 所示。其中，变形级结构网络操作系统是以原有单机操作系统为基础，通过增加网络服务功能构成的网络操作系统。基础级结构网络操作系统是以计算机裸机为基础，根据网络服务的特殊要求，直接利用计算机硬件与少量软件资源进行专门的设计而开发的网络操作系统，常见的有 NetWare、Windows NT Server 等。

图 4-30　网络操作系统的发展过程

（1）对等结构网络操作系统

对等结构网络操作系统的特点是联网节点地位平等，安装在网络节点上的网络操作系统软件是相同的，联网节点资源原则上都是可以互相共享的。网络中的计算机以后台的方式工作，前台为本地用户提供服务，后台为其他节点的网络用户提供服务。网络中的任意两个节点可以互相通信。对等结构网络操作系统的优点是结构简单，共享资源方便，节点间可自由通信；其缺点是每台计算机既是工作站又是服务器，节点计算机要承担较重的通信管理与资源管理工作，因而随着负载的增加，网络服务能力将明显下降。例如，早期的 Novell 公司的 Personal NetWare 和微软公司的 Windows for Workgroups 就属于这一类操作系统。

（2）非对等结构网络操作系统

针对对等结构网络操作系统的缺点，业界提出了非对等结构网络操作系统，即客户机/服务器（Client/Server）模式的网络操作系统。在这种模式下，网络节点被划分为两类，即服务器和工作站。服务器采用配置较高的高性能计算机；工作站一般采用配置较低的低性能计算机，主要为本地用户访问本地资源和网络资源提供服务。非对等结构网络操作系统软件分为两部分：一部分运行于服务器上，另一部分运行于工作站上。服务器直接管理网络资源和服务，是局域网的中心。安装与运行在服务器上的网络操作系统软件的功能与性能直接决定着局域网服务功能、系统性能及安全性等，是局域网的核心部分。

2. 网络操作系统的功能

网络操作系统是针对计算机应用从大型机向微型机转变的需求而设计的。网络操作系统通常使用一台或几台高档计算机、工作站或大型机作为服务器，用于管理局域网中的共享资源，提供文件服务、网络打印服务、数据库服务与通信服务等，同时将用户使用的计算机连入局域网中。尽管不同的计算机公司推出的网络操作系统都有各自的特点，但它们所提供的网络服务功能都比较相似。一般来说，网络操作系统都具有如下基本功能。

（1）文件服务

文件服务是最基本和最重要的网络服务功能之一。它以集中方式管理共享文件，网络工作站可以根据所规定的权限对文件进行读、写和其他操作，文件服务器为网络用户的文件安全与保密提供必需的控制方法。

（2）网络打印服务

网络打印服务也是最基本的网络服务功能之一。该服务可以通过设置专门的打印服务器来完成，也可以由文件服务器或工作站来完成。通过网络打印服务功能，网络用户可以远程共享局域网中安装的一台或多台打印机。

（3）数据库服务

选择适当的数据库服务软件，可以优化网络操作系统的操作模式，有效地改善局域网的性能。通常，数据库服务采用 Client/Server 工作模式，客户机可以通过结构化查询语言向数据库服务器发出请求，服务器将查询结果返回客户机。

（4）通信服务

网络操作系统提供的通信服务主要有工作站之间的对等通信，以及工作站与服务器之间的通信。

（5）分布式服务

网络操作系统为支持分布式服务增加了一种新的网络资源管理机制，即分布式目录服务。分布式目录服务将分布在不同地理位置的网络资源（如软件、硬件等）组织在一个全局性的、可复制的分布式数据库中，网络中的其他多台服务器可以有该数据库的副本。用户在一个工作站上注册，便可以连接到多个服务器。对于用户而言，只需单点登录就可以透明访问网络系统中分布在不同位置的资源。

（6）网络管理服务

局域网操作系统提供了丰富的网络管理工具，可以提供用户管理、网络性能分析、网络状态监控、存储管理等多种管理服务。

4.5 互联网与新技术

国际互联网，又称因特网（Internet），是全球性的网络，也是一种公用信息的载体，更是大众传媒的一种重要渠道。互联网本身是一个产业，同时它带动了其他产业的发展。

互联网也是一个面向公众的社会性产品。世界各地的人们可以利用互联网进行信息交流和资源共享。互联网是人类社会有史以来首个世界性的"图书馆"和全球性的"论坛"。它为用户提供了高效的工作环境，入网的计算机终端可以调阅各种信息资料。

随着通信技术的发展，网络终端已经包括了台式计算机、移动计算机、智能手机、平板电脑、掌上游戏机等设备，甚至谷歌公司开发出来的眼镜、手表都可以上网。

4.5.1 互联网的起源与发展

1. 互联网的起源

互联网的发展源于美国。在 1957 年，苏联发射了第一颗人造地球卫星，美国对此非常恐惧，担心苏联的卫星技术存在潜在的军事用途，于是美国国防部组建了高级研究项目局。

当时，美国国防部为了保证美国本土防卫力量和海外防御武装力量，认为有必要设计出一种分散的军事指挥系统：它由一个个分散的指挥点组成，当部分指挥点被摧毁后，其他指挥点仍能正常工作，并且这些指挥点能够绕过那些已被摧毁的指挥点而继续保持联系。为了对这一构思进行验证，在 20 世纪 60 年代，美国国防部委托高级研究项目局开发 ARPANET，进行联网方面的研究。1969 年，组建 ARPANET 并将美国加利福尼亚大学洛杉矶分校、斯坦福大学研究学院、加利福尼亚大学圣巴巴拉分校和犹他州大学的 4 台主要的计算机连接起来。当时的网络传输能力只有 50kbit/s，按现在标准来看非常低。但它标志着计算机网络从此诞生。

从 1970 年开始，加入 ARPANET 的节点数不断地增加。当时 ARPANET 使用的协议是网络控制协议（Network Control Protocol，NCP），它允许计算机相互交流。最初的 NCP 下的 ARPANET 上连接了 15 个节点，共 23 台主机。到 1972 年，ARPANET 上的网点数已经达到 40 个，这 40 个网点彼此可以发送小文本文件（当时称这种文件为电子邮件，也就是现在的 E-mail），还可以利用文件传输协议发送大文本文件，包括数据文件（即现在 Internet 中的 FTP），同时发展出了通过把一台计算机模拟成另一台远程计算机的一个终端而使用远程计算机上的资源的方法，这种方法称为 Telnet。由此可见，E-mail、FTP 和 Telnet 是 Internet 上较早出现的重要工具，特别是 E-mail 仍然是目前 Internet 上最主要的应用之一。这时，ARPANET 成为第一个简单的纯文字系统的 Internet。可以说，促使互联网诞生的推动力是美苏冷战时期的军备竞赛思维。

由于最初的通信协议对节点以及计算机有数量上的限制，因此，建立一种能保证计算机之间进行通信的标准规范（即通信协议）显得尤为重要。1973 年，美国国防部开始研究如何实现各种不同网络之间的互联问题。此前，罗伯特·卡恩（Robert Kahn），来到高级研究项目局，并提出了开放式网络框架，开发了大家熟知的 TCP/IP 协议族。

1983 年，所有连入 ARPANET 的主机都实现了从 NCP 向 TCP/IP 协议族的转换。为了将这些网络连接起来，美国人文顿·瑟夫（Vinton Cerf）提出一个想法：在每个网络内部各自使用自己的通信协议，而在与其他网络通信时使用 TCP/IP 协议族。这个设想最终导致了 Internet 的诞生，并确立了 TCP/IP 协议族在网络互联方面不可动摇的地位，基于 TCP/IP 协议族的公网的发展推动了互联网的发展。

同年，美国纽约城市大学也出现了一个以讨论问题为目的的网络——BITNET，在这个网络中，不同的话题被分为不同的组，用户可以根据自己的需求，通过计算机订阅，这个网络后来被称为电子邮件群（Mailing List）。还是在同年，在美国旧金山诞生了另一个网络——费多网（FidoNet 或 Fido BBS），即公告牌系统。它的优点在于用户只要有一台计算机、一个调制解调器和一根电话线就可以互相发送电子邮件并讨论问题，这就是后来的 Internet BBS。以上网络都相继并入 Internet 而成为它的一个组成部分。具有特定用途和特点的网络的发展，推动了 Internet 成为全世界各种网络的大集合。

后来，ARPANET 分裂为两部分，ARPANET 和纯军事用途的 MILNET。20 世纪 80 年代初，美国一大批科学家呼吁实现全美的计算机和网络资源共享，以改进教育和科研领域的基础设施，应对欧洲和日本先进教育和科技进步的挑战和竞争。到 20 世纪 80 年代中期，美国国家科学基金会（NSF）为鼓励大学和研究机构共享他们非常昂贵的 4 台巨型计算机，希望各大学和研究所的计算机与这 4 台巨型计算机连接起来，因此建立了名为 NSFNET 的广域网。

Internet 在 20 世纪 80 年代的扩张不但带来量的改变，同时带来某些质的变化。由于多个学术团体、企业研究机构，甚至个人用户的进入，Internet 的使用者不再限于纯计算机专业人员。新的使用者发现计算机之间的通信功能对他们更有吸引力。于是，他们逐步把 Internet 当作一种交流与通信的工具，而不仅仅是共享 NSF 巨型计算机的运算能力。NSFNET 对 Internet 的最大贡献是使 Internet 向全社会开放，而不像以前那样仅供计算机研究人员和政府机构使用。这就使得更多的非计算机专业人员希望通过广域网获取更多信息。

2. 我国互联网的发展

1987 年 9 月，我国发出的第一封电子邮件"飞跃长城，走向世界"揭开了中国人使用 Internet 的序幕。1990 年 10 月，钱天白教授代表中国正式在国际互联网信息中心注册登记了我国的顶级域名 CN，并且从此开通了使用中国顶级域名 CN 的国际电子邮件服务，Internet 在我国进入了飞速发展时期。

1996 年 1 月，ChinaNET 全国骨干网建成并正式开通，全国范围的公用计算机互联网开始提供服务。此后，我国网民规模不断扩大，各类网络应用的用户规模也持续扩大。其中，商务类应用表现尤其突出，网上支付、网络购物和网上银行用户数量迅速增长，远远超过其他类网络应用。社交网站、网络文学和搜索引擎用户增长也较快。

从 2010 年开始，互联网彻底走进人们的生活。通信电子产品价格的大幅下降，使笔记本计算机、台式计算机、智能手机广泛普及，上网也变得更加简单。

3. 新一代互联网

现在我们使用的互联网的一大问题是网络地址资源有限：IPv4 规定 IP 地址长度为 32 位，因此只有 2^{32}（约 43 亿）个 IP 地址。而 IPv6 规定 IP 地址的长度为 128 位，地址数量大大增加。也就是说，若使用新一代互联网，则 IP 地址的数量将增加为 2^{128} 个，这样就能够解决多种接入设备连入互联网的障碍。这样一来，以人与人相连为特点的当代互联网，将变为人与人、人与物、物与物相连的"三位一体"的新一代互联网。

新一代互联网是物联网、人工智能的基础设施。没有它，物联网、人工智能等都将成为空中楼阁。未来，肉眼可见的所有事物都可能被物联网化，家用电器、智能汽车、机械设备乃至树木、农作物和牲畜等，每个物体都可以配备独立的 IP 地址和传感器……仅在我国，就将有约 500 亿量级的智能设备连接起来。

世界上几乎所有东西都会被连接在一起，超越空间和时间的限制，世界将变成一个"大生态系统"，也就是万物均可互联。而这些互联设备产生的超海量数据将成为产生商业价值的无尽源泉。通过人工智能对物联网的数据挖掘，现有的生活生产方式将被彻底改变。最值得一提的是：在这一波新型互联网浪潮中，将诞生无数垂直和细分的领域。未来的世界将变得极具个性、互动性和趣味性。对于很多小型公司而言，发展的最佳时机即将到来。

4.5.2 互联网关键技术

1. TCP/IP 技术

TCP/IP 是 Internet 的核心，通过使用 TCP/IP 可以方便地连接多个网络。通常所说的某台主机在 Internet 上，就是指该主机具有一个 Internet 地址（IP 地址），并使用 TCP/IP 协议族，可以向 Internet 上的其他主机发送 IP 数据报。

（1）TCP

TCP 处于通信子网和资源子网之间的传输层上，TCP 利用 IP 层提供的不可靠的无连接的数据报，向上层（应用层）提供可靠的面向连接的服务。

TCP 采用确认应答和超时重发机制保证数据的可靠性。控制规则为接收端收到正确的数据后，向发送端发回一个确认消息，若发送端在超过一定时间后还未收到确认回答，则认为出错或丢失，并马上重发该组数据，这样就保证了端—端间数据传送的可靠性。另外，TCP 还规定了检查数据是否出错的校验和、防止失序与重复的序号等措施。

（2）IP

在 Internet 中，IP 处于网络层的位置，计算机之间的通信是以数据报为单元进行传送的。IP 规定了数据报的格式，数据报分为报头和数据两部分。报头中包含发送者和接收者的 IP 地址，以及处理和传递数据报的控制信息。如果发送节点和接收节点处于不同的网络，则不能直接通信，而需要借助中间的一个或多个 IP 网关实现从源网络到目的网络的寻址。IP 数据报是在相邻网关间通过点—点传递的，每经过一个中间网关都采用"存储—路由选择—转发"方式，由于 IP 地址已包含在 IP 数据报的报头中，因此它是网络寻址的主要依据。IP 数据报在传输过程中可能出现失序、出错甚至丢失的情况，但 IP 不处理这些情况，而是由 TCP 来纠正，因此 IP 不保证传输的可靠性，它提供的是不可靠的无连接服务。

2．IP 地址

为了确保通信的双方能相互识别，在 Internet 上的每台主机都必须有一个唯一的标识，即主机的 IP 地址。IP 就是根据 IP 地址实现信息传递的。

IP 地址由 32 位（4 个字节）二进制数组成，为书写方便，通常将每个字节作为一段并以十进制数来表示，每段用"."分隔。例如，10.47.210.5 就是一个合法的 IP 地址。

IP 地址由网络标识和主机标识两部分组成。常用的 IP 地址有 A、B、C 这 3 类，每类均规定了网络标识和主机标识在 32 位二进制数中所占的位数。这 3 类 IP 地址格式如图 4-31 所示，它们的表示范围分别如下。

（1）A 类地址：0.0.0.0～127.255.255.255。

（2）B 类地址：128.0.0.0～191.255.255.255。

（3）C 类地址：192.0.0.0～223.255.255.255。

图 4-31　3 类 IP 地址格式

A 类地址一般分配给具有大量主机的网络使用，B 类地址通常分配给中等规模的网络使用，C 类地址通常分配给小型局域网使用，而并不常用的 D、E 类地址有特殊用途。为了确保唯一性，IP 地址由世界各大地区的权威机构网络信息中心（Network Information Center，NIC）管理和分配。

3. 域名系统原理

32 位二进制数 IP 地址对计算机来说是十分有效的，但对人来说要记忆一组无意义且无任何特征的 IP 地址很困难，为此，Internet 引进了字符形式的 IP 地址，即域名。域名采用层次结构的基于域的命名方案，每一层由一个子域名组成，子域名间用 "." 分隔，其格式如下：

主机名.网络名.机构名.最高域名

关于域名应该注意以下 5 点。

（1）域名只能以字母开头，以字母或数字结尾，其他位置可使用字母、数字、连字符或下画线。

（2）域名中不区分字母的大小写。

（3）各子域名之间以 "." 分隔开。

（4）域名中最左边的子域名通常代表计算机所在单位名，中间各子域名代表相应层次的区域，最高域名是标准化的代码。

（5）整个域名的长度不得超过 255 个字符。

通常，最高域名可以是国家名、地区名或领域名。国家名有 CN（代表中国）、JP（代表日本）、UK（代表英国）等；领域名有 GOV（代表政府机构）、COM（代表商业机构）、EDU（代表教育机构）、AC（代表科研机构）等。我国的地区域名有 BJ（代表北京市）、SH（代表上海市）、TJ（代表天津市）、CQ（代表重庆市）、JS（代表江苏省）、ZJ（代表浙江省）、AH（代表安徽省）等。另外，由于 Internet 起源于美国，所以美国的域名没有国家名部分。

在 Internet 上，域名和 IP 地址都是唯一的。Internet 上的域名由 DNS 统一管理。DNS 是一个分布式数据库系统，由域名空间、域名服务器和地址转换请求程序 3 部分组成。凡域名空间中有定义的域名都可以通过 DNS 有效地转换为对应的 IP 地址，同样地，IP 地址也可通过 DNS 转换成域名。

网络实名是继 IP 地址、域名之后出现的第三代网络访问技术。网民使用现实世界中企业、产品、商标等名称，即可通过浏览器、搜索引擎等多种途径快速地找到企业或产品信息，而无须使用复杂的域名、网址，也不必在搜索引擎的成千上万的结果中反复查找。例如，访问人民网，以前需要在地址栏输入其具体网址，而现在使用网络实名，输入 "人民网"，再按 "Enter" 键即可进入该网站。

4. IPv4 与 IPv6

目前普遍采用的 IP 称为 IPv4，即第 4 版互联网协议。IPv4 采用 32 位地址空间，可以提供约 43 亿个地址。随着 Internet 规模的不断扩大，现存的 IPv4 网络面临着可用的地址空间枯竭和路由表急剧膨胀两大危机，IPv6 就是为了解决这些问题而提出的，IPv6 指的是第 6 版互联网协议，它将逐步取代 IPv4。

IPv6 对地址分配系统进行了改进，摒弃了 IPv4 的缺点，支持 128 位的地址长度，地址空间是 IPv4 的 2^{96} 倍。同时，IPv6 还具有灵活的报头格式、支持资源分配和支持协议扩展等特点。因此，IPv6 在地址容量、安全性、网络管理、移动性以及服务质量等方面有明显的改善，是下一代 Internet 可采用的比较合理的协议。

在 IPv6 中，每个地址占 16 个 8 位组，是 IPv4 地址长度的 4 倍。如此大的地址空间足以使 IPv6 适应各种地址分配策略。为了方便表示 IP 地址，IPv6 的设计者建议使用冒分十六进制表示法，即把每个 16 位的值用 4 位十六进制数表示，并用冒号将其分隔。

例如：686E:8064:FFF0:3F00:0:1180:927A:32。

其中，0000 和 0032 分别简记为 0 和 32，前面的 0 省略了。为进一步简化和方便使用，冒分十六进制还可以采用以下两种表示法。

（1）冒分十六进制表示法允许零压缩（Zero Compression），即多个连续的 0 可以用一对冒号来代替。

例如：FF38:0:0:0:0:0:0:AA2 可以简写成 FF38::AA2。

IPv6 规定，在一个 IPv6 地址中只能使用一次零压缩。

（2）冒分十六进制表示法可以和点分十进制表示法的后缀联合使用。这种结合表示方法在 IPv4 向 IPv6 的过渡阶段特别实用。

例如：0:0:0:0:0:0:192.25.12.99。

在这种记法中，冒号所分隔的每个值是一个 16 位的量，但每个点分十进制部分的值则自然是一个字节的值。再使用零压缩即可得出：::192.25.12.99。

4.5.3　云计算与云存储

1. 云计算及其应用

（1）云计算简介

云计算（Cloud Computing）是一种按使用量付费的模式。这种模式提供可用的、便捷的、按需的网络访问，进入可配置的计算资源共享池（资源包括网络、服务器、存储、应用软件、服务等）。这些资源能够被快速提供，而且只需投入很少的管理资源，或与服务供应商进行很少的交互。

云计算通过互联网向用户提供服务，这些服务包括运算服务、基础设施服务等。

① 运算服务。例如，用户希望通过海量的销售记录计算某个大型商业网站某类商品最近几年的销售量，向云服务前端提交任务，由"云"返回计算结果。

② 基础设施服务。例如，用户向云服务前端申请一台服务器，明确自己对硬件和软件的需求（包括 CPU 需求），是否需要使用大内存和硬盘资源，需要使用何种操作系统等，"云"将按照用户的要求提供一台虚拟服务器供其使用，登录服务器（使用远程桌面或终端工具软件登录），就会发现服务器的配置与用户的要求一致。

当然还有许多其他的服务类型，如云储存服务、云安全等。

用户只需向"云"提出要求来获取服务，而不需要了解云内部的细节。这里的"云"实际上是一个大量硬件和软件的集合体。这些软硬件集合通过网络与"云软件"连接和组织在一起，向用户提供各种服务。前面提到的虚拟服务器、CPU 和内存来源于哪里，销售量运算究竟是哪几台机器做的，用户无须知道，而是由"云软件"组织调配"云"中的资源完成。"云软件"可以看作云资源集合的操作系统，有着操作系统的特征：管理软硬件资源和任务流程，提供人机界面。

综上所述，云计算可以视作一种资源的交付和使用模式，用户通过网络，以按需及易扩展的方式获得所需的资源（包括硬件、平台和软件）。"云"中的资源在使用者看来是可以无限扩展的，并且可以随时获取、按需使用、随时扩展、按需付费。这种特性被人们形象地称为像使用水电资源一样使用资源。计算能力也可以作为一种商品在市场上流通，就像水电一样，取用方便，通过互联网进行传输。

云计算未来主要有两个发展方向：一是构建与应用程序紧密结合的大规模底层基础设施，使应用能够扩展到很大的规模；二是通过构建新型的云计算应用程序，在网络上为用户提供更好的体验。云计算虽然是一种新型的计算模式，但是现实的需要恰恰为云计算提供了良好的发展机遇。虽然现在的云计算并不能完美地解决所有问题，但是相信在不久的将来，一定会有更多的云计算应用投入使用，云计算系统也将不断地被完善，并推动其他科学技术的发展。

（2）云计算的五大应用场景

① 电子邮箱。作为最为流行的通信服务之一，电子邮箱的不断演变，为人们提供了更便捷和更可靠的交流方式。传统的电子邮箱使用物理内存来存储通信数据，而云计算使电子邮箱可以使用云端的资源来检查和发送邮件，用户可以在任何地点、任何设备和任何时间读取自己的邮件，企业可以使用云计算技术让它们的邮箱服务系统变得更加稳固。

② 数据存储。云计算的出现，或可使本地存储变得不再必需。用户可以将所需要的文件、数据存储在互联网上的某个地方，以便随时随地地读取。来自云服务商的各种在线存储服务，将会为用户提供广泛的产品选择和独有的安全保障，使其能够在免费和专属方案之间进行自由选择。

③ 商务合作。共享式的商务合作模式，或可使企业不必配置需消耗大量时间和金钱的系统设备和软件，只需接入云端的应用，便可以邀请合作伙伴开展相应业务。这种类似于即时通信的应用，一般都会为用户提供特定的工作环境，协作时长可以从几个小时到几个月不等。总之，云计算的一切都为满足用户需求而打造。

④ 虚拟办公。对于云计算来说，最常见的应用场景就是让企业"租"服务而不是"买"软件来开展业务。除了谷歌公司的 Google Docs 这一较受欢迎的虚拟办公系统，还有很多其他的解决方案，如微软公司的 Office Live 等。使用虚拟办公应用的主要好处是，它不会因为"个头太大"而导致你的设备"超载"，它将让企业的关注点集中在公司业务上，通过改进的可访问性，为轻量办公提供保证。

⑤ 业务扩展。在企业需要进行业务拓展时，云计算的独特优势便显现出来了。基于云的解决方案，可以使企业以较小的额外成本，获得所需的计算能力。大部分云服务商，都可以满足用户的定制化需求，企业完全可以根据现有业务容量来决定所需要投资的计算成本，而无须对未来的扩张有所顾虑。

2．云存储

（1）云存储的概念

云存储（Cloud Storage）是指通过集群应用、网格技术或分布式文件系统等功能，将网络中大量的各种不同类型的存储设备通过应用软件集合起来协同工作，共同对外提供数据存储和业务访问功能的系统，以保证数据的安全性，并节约存储空间。当云计算系统运算和处理的核心任务是大量数据的存储和管理时，云计算系统中需要配置大量的存储设备，这样一来，云计算系统就转变成一个云存储系统。因此，云存储是一个以数据存储和管理为核心的云计算系统。

简单来说，云存储就是将存储资源放到"云"上供人存取的一种新兴方案。使用者可以在任何时间、任何地点，通过任何可联网的装置连接到"云"上方便地存取数据。

（2）云存储服务

① 公共云存储。公共云存储也称公有存储。例如，亚马逊公司的 Simple Storage Service（S3）和 Nutanix 公司可以低成本地提供大量的文件存储服务。供应商可以保持每个客户的存储、应用都是独立的、私有的。国内比较突出的代表有百度云盘、坚果云、华为网盘、腾讯微云等。

② 私有云存储及内部云存储。私有云存储仅对某一机构提供存储服务。内部云存储和私有云存储比较相似，唯一的不同点是它仍然位于企业防火墙内部。可以提供私有云的平台有 Eucalyptus、3A Cloud、联想网盘等。

③ 混合云存储。混合云存储把公共云存储和私有云存储或内部云存储结合在一起，主要用于按客户要求进行访问，特别是需要临时配置容量的时候。

4.5.4　大数据及其应用

1．大数据的概念

大数据（Big Data）是一个不断发展的概念，可以指任何体量或复杂性超出常规数据处理方法与处理能力的数据。数据本身可以是结构化、半结构化甚至是非结构化的。随着物联网技术与可穿戴设备的飞速发展，数据规模变得越来越大，内容越来越复杂，更新速度越来越快。大数据研究和应用已成为产业升级与新产业崛起的重要推动力量。

从狭义上讲，大数据主要是指处理海量数据的关键技术及其在各个领域中的应用，是指从各种组织形式和类型的数据中发掘有价值信息的能力。一方面，狭义的大数据反映的是数据规模大，以至于无法在一定时间内用常规的数据处理软件和方法对其内容进行有效的抓取、管理和处理；另一方面，狭义的大数据主要是指海量数据的获取、存储、管理、计算分析、挖掘与应用的全新技术体系。

从广义上讲，大数据包括大数据技术、大数据工程、大数据科学和大数据应用等与大数据相关的领域。其中大数据工程是指大数据的规划、建设、运营、管理的系统工程；大数据科学主要在大数据网络发展和运营过程中发现验证大数据的规律及其与自然和社会活动之间的关系。

现在的社会是一个高速发展的社会，科技发达，信息交流通畅，人们之间的联系越来越密切，生活也越来越方便，大数据就是这个高科技时代的产物。一位知名互联网企业的高管曾提到，未来的时代将不是信息技术（Information Technology，IT）时代，而是数据科技（Data Technology，DT）时代，显示大数据对于互联网企业来说举足轻重。

有人把数据比喻为蕴藏能量的煤矿。煤炭按照性质可分为焦煤、无烟煤、肥煤、贫煤等，而露天煤矿、深山煤矿的挖掘成本又不一样。与此类似，大数据并不在于"大"，而在于"有用"。价值含量、挖掘成本比数量更为重要。对很多行业而言，如何利用好这些大规模数据是赢得竞争的关键。

2. 大数据的特征

大数据有以下 4 个特征。

（1）容量（Volume）大：指数据量大。

（2）种类（Variety）多：指数据的类型多。

（3）速度（Velocity）快：指获得数据的速度快。

（4）价值（Value）高：指可挖掘的价值高。

3. 大数据的应用

大数据广泛应用于各个行业，下面仅从电商、金融、医疗 3 个行业做简单介绍。

（1）电商行业

电商行业是最早利用大数据进行精准营销的行业。大数据可帮助电商根据客户的消费习惯提前购买生产资料，进行物流管理等，有利于社会大生产的精细化。

（2）金融行业

大数据在金融行业的应用比较深入。例如，现在很多股票的交易都利用大数据算法进行，这些算法越来越多地考虑了社交媒体和网站新闻的因素，并以此决定在未来几秒内是买入还是卖出。

（3）医疗行业

医疗行业早就面临着海量数据和非结构化数据的挑战，而近年来很多国家都在积极推进医疗信息化建设，因此，很多医疗机构都在推动大数据技术在医疗行业的应用。

4.5.5　物联网

继计算机技术、互联网技术和移动通信技术之后，信息产业革命的新一次浪潮被业界认为将来自物联网技术。

1. 物联网的概念

物联网（Internet of Things，IoT），顾名思义就是"实现物物相连的互联网络"。其内涵包含两个方面：一是物联网的核心和基础仍是互联网，是在互联网基础上延伸和扩展的一种网络；二是其用户端延伸和扩展到了物品与物品之间，能令物品与物品进行信息交换和通信，即物联网时代的每一件物品均可寻址、通信、控制。物联网是通过射频识别（Radio Frequency Identification，RFID）装置、传感器、红外感应器、全球定位系统和激光扫描器等信息传感设备，按约定的协议，把相应的物品与互联网相连，进行信息交换和通信，以实现智慧化识别、定位、跟踪、监控和管理的一种网络。

物联网是新一代信息技术的充分运用。具体地说，就是把感应器嵌入电网、铁路、桥梁、隧道、公路、建筑、油气管道等各种物体中，然后将物联网与现有的互联网整合起来，实现人类社会与物理系统的整合。在这个整合的网络当中，需要功能超级强大的中心计算机群，能够对整合网络内的人员、机器、设备和基础设施实施实时的管理和控制，以更加精细和动态的方式管理生产和生活，以期达到"智慧"状态，提高资源利用率和生产力水平，改善人与物之间的关系。

2. 物联网的产生与发展

物联网概念可追溯到 1995 年，比尔·盖茨在《未来之路》中首次提出物联网，但由于受限于无线网络、硬件及传感器的发展，当时并没有引起太多关注。

1999 年，美国召开的移动计算和网络国际会议提出，传感网是 21 世纪人类面临的又一个发展机遇，传感网的重要性得到了学术界的充分肯定。

2003 年，美国《技术评论》提出：传感网络技术将是未来改变人们生活的十大技术中最重要的技术。

2005 年，国际电信联盟（International Telecommunications Union，ITU）在信息化社会世界峰会上发布了《ITU 互联网报告 2005：物联网》，正式提出物联网概念。根据 ITU 当年的描述，无所不在的物联网通信时代即将来临，在物联网时代，通过在各种各样的日常用品上嵌入一种短距离的移动收发器，人类在信息与通信世界将达到一个更高的沟通维度，从任何时间、任何地点的人与人之间的沟通连接扩展到人与物、物与物之间的沟通连接。

回顾物联网的过去，预测物联网的未来，物联网从诞生到成熟经历了以下 4 个阶段。

（1）概念形成阶段（2000 年前后）。

（2）技术形成阶段（2010 年前后）。

（3）实验验证阶段（2020 年前）。

（4）应用拓展阶段（2020 年之后）。

3. 典型的物联网应用

（1）全球定位系统（GPS）

车辆中配备的嵌入式 GPS 接收器能够接收多个不同卫星的信号并计算出车辆当前所在的位置，定位的误差一般是几米。GPS 信号的接收受限于卫星的"视野"，因此在城市中心区域可能由于建筑物的遮挡而使该技术的使用受到限制。GPS 是很多车载导航系统的核心技术。很多国家已经或者计划利用车载 GPS 设备来记录车辆行驶的里程信息并进行相应的管理。

（2）物联网在智能交通中的应用

随着物联网技术的日益发展和完善，其在智能交通中的应用也越来越广泛、深入，在世界各地出现了很多成功应用物联网技术提高交通系统性能的实例。电子收费（Electronic Toll Collection，ETC）系统就是物联网在智能交通方面的典型应用。

电子收费系统能够在车辆以正常速度驶过收费站的时候自动收取相关费用，可减小收费站附近产生交通拥堵的概率。

在德国，电子收费系统的应用非常典型。德国高速公路启用卫星卡车收费系统，为几十万辆卡车装配了车载记录器，这种记录器能够记录卡车行驶与自动缴费情况，但需要依赖卫星才能运作。该系统在 300 个高架桥上部署了红外线监视器，用于识别车牌号码，同时有大量带有监视器和计算装置的监控车来回巡逻。该系统投入使用后，道路上的堵塞问题就立刻缓解了。

（3）智能家居应用

美国、日本、韩国的智能家居都已经走出实验室，进入应用阶段。我国典型的智能家居平台海尔 U-home 在应用中体现了物联网概念在生活中的延伸。

U-home 与杭州电信"我的 e 家"合作推出了"我的 e 家·智慧屋"产品，可以让用户切身感受物联网的无穷魅力。"我的 e 家·智慧屋"产品是通过物联网网桥，使用户可通过手机、互联网实现与家中灯光、窗帘、报警器、电视、空调、热水器等设备的连通。通过网桥，可以轻松地实现人与家电之间、家电与家电之间、家电与外部网络之间、家电与售后体系之间的信息共享，其最大的优势是将物联网概念与生活实际紧密联系起来，使之成为像水、电、燃气一样的居家生活的基础应用服务。

4.5.6　人工智能与智能化

1. 人工智能

（1）人工智能的概念

人工智能（Artificial Intelligence，AI）是研究、开发用于模拟、延伸和扩展人的智能的理论、方法、技术及应用系统的一门新的技术科学。人工智能是计算机科学的一个分支，它试图理解智能的实质，并生产出一种新的能以类似人类智能的方式做出反应的智能机器，该领域的研究包括机器人、语音识别、图像识别、自然语言处理和专家系统等。

人工智能从诞生以来，理论和技术日益成熟，应用领域也不断扩大，可以设想，未来人工智能带来的科技产品，将会是人类智慧的容器，甚至可能超过人的智能。

（2）人工智能的发展

1942 年，美国科幻巨匠阿西莫夫提出"机器人三定律"，后来成为学术界默认的研发原则。

1956 年，在达特茅斯会议上，科学家们探讨用机器模拟人类智能等问题，并首次提出了人工智能这一术语，人工智能的名称和任务得以确定，同时出现了最早的一批研究者，并取得了最初的成就。

1959 年，德沃尔与美国发明家约瑟夫·英格伯格联手制造出第一台工业机器人。随后，成立了世界上第一家机器人制造工厂——Unimation 公司。

1965 年，兴起研究"有感觉"的机器人，美国约翰·霍普金斯大学应用物理实验室研制出机器人 Beast。Beast 已经能通过声呐系统、光电元器件等，根据环境校正自己的位置。

1968 年，美国斯坦福研究所公布他们研发成功的机器人——Shakey。Shakey 带有视觉传感器，能根据人的指令发现并抓取积木，不过控制它的计算机有一个房间那么大，它可以算是世界第一台智能机器人。

2002 年，美国 iRobot 公司推出了吸尘器机器人——Roomba，它能避开障碍，自动设计行进路线，还能在电量不足时，自动驶向充电座。Roomba 是目前世界上销量较大的家用机器人。

2014 年，在英国皇家学会举行的"2014 图灵测试"大会上，聊天程序"尤金·古斯特曼"（Eugene Goostman）首次通过了图灵测试，预示着人工智能进入了全新的时代。

2016 年 3 月，AlphaGo 对战世界前围棋冠军、职业九段选手李世石，并以 4∶1 的总比分获胜。

（3）人工智能的应用

人工智能的实际应用十分广泛，如智能家居、自动驾驶、银行、医院、互联网、物联网等场景均有人工智能的应用。地球以外的地方也有人工智能的影子：送至月球和火星的机器人、在太空轨道上运行的卫星。动画片、电子游戏、卫星导航系统和谷歌的搜索引擎也都以人工智能技术为基础。经济学家预测股市波动以及各国政府用来指导制定公共医疗和交通决策的各项系统，也是基于人工智能技术的。还有虚拟现实中的虚拟替身技术，以及为陪护机器人建立的各种"试水"情感模型。甚至美术馆也使用人工智能技术，如网页和计算机艺术展览。人工智能还可以应用在军事领域上，如在战场上穿梭的军事无人机。

人工智能也向我们发出了挑战——如何看待人性，以及未来在何方。有些人会担心我们是否真的有未来，因为他们预言人工智能将全面超过人的智能。虽然他们当中的某些人对这种预想充满了期待，但是大多数人还是会对此感到恐惧。他们会问：如果这样，那还有什么地方能保留人类的尊严和责任？

2. 自动化、智能化与智慧化

人工智能的发展能够提高自动化水平，从而有助于提高生产力，积累大量财富。人工智能推动经济自动化、社会智能化与智慧化。

（1）自动化及其发展

自动化（Automation）是指机器设备、系统或过程（生产、管理过程）在没有人或较少人的直接参与下，按照人的要求，经过自动检测、信息处理、分析判断、操纵控制，实现预期的目标的过程。

1946年，美国福特公司的机械工程师哈德最先提出自动化一词，并用来描述发动机汽缸自动传送和加工的过程。

20世纪50年代，自动调节器的发展，使自动化进入以单变量自动调节系统为主的局部自动化阶段。

20世纪60年代，自动化进入生产过程与管理的综合自动化阶段。

20世纪70年代，自动化的对象变为大规模的复杂工程和非工程系统，涉及许多用现代控制理论难以解决的问题。对这些问题的研究，促进了自动化的理论、方法和手段的革新，于是出现了大规模的系统控制和复杂系统的智能控制，进而出现了综合利用计算机、通信技术、系统工程和人工智能等成果的高级自动化系统，如办公自动化、专家系统、决策支持系统等。

自动化的概念一直处于动态发展过程中。过去，人们对自动化的理解或者说自动化的功能目标是以机械的动作代替人力操作，自动地完成特定的作业。这实质上是自动化代替人的体力劳动的观点。后来随着电子信息技术的发展，特别是随着计算机的出现和广泛应用，自动化的概念已扩展为用机器（包括计算机）不仅代替人的体力劳动，还代替或辅助人的脑力劳动，以自动地完成特定的作业。

（2）自动化的应用领域

自动化广泛用于工业、农业、军事、科学研究、交通运输、商业、医疗等领域。采用自动化技术不仅可以把人从繁重的体力劳动、部分脑力劳动以及恶劣环境下或危险的工作中解放出来，而且能一定难度地扩展人的器官功能，极大地提高劳动生产率，增强人类认识世界和改造世界的能力。因此，实现自动化是实现工业、农业、国防和科学技术现代化的重要条件和显著标志。

现代生产和科学技术的发展对自动化技术提出了越来越高的要求，同时为自动化技术的革新提供了必要条件。20世纪70年代以后，自动化开始向复杂的系统控制和高级的智能控制方向发展，并广泛地应用到国防、科学研究和经济等各个领域，实现更大规模的自动化，例如，大型企业的综合自动化系统、全国铁路自动调度系统、国家电网自动调度系统、城市交通控制系统、自动化指挥系统等。

自动化的应用正从工程领域向非工程领域扩展，如医疗自动化、经济管理自动化等。自动化将在更大程度上模仿人的智能，机器人已在工业生产、海洋开发和宇宙探测等领域得到应用，专家系统在医疗诊断、地质勘探等方面取得了显著效果。工厂自动化、办公自动化、家庭自动化和农业自动化等将成为新技术革命的重要内容，并将得到迅速发展。

（3）智能化与智慧化

简单地说，智能化比自动化更高级一点，智能化是加入了像人的智慧一样的程序，一般能根据多种不同的情况做出不同的反应；而自动化就相对要简单得多，一般是根据出现的几种情况做同样的反应，多用于重复性的工作中。

智能有一定的自我判断能力，自动化只是能够按照已经制定的程序工作，没有自我判断能力。自动化常用于处理结构化数据，智能化往往用于处理半结构化数据，人可以处理非结构化数据。

智能化是指由现代通信与信息技术、计算机网络技术、行业技术、智能控制技术汇集而成的针对某一个方面的应用。从感觉到记忆再到思维，这一过程称为"智慧"，智慧的结果产生行为和语言，将行为和语言的表达过程称为"能力"，两者合称"智能"。智能一般具有如下特点。

一是具有感知能力，即具有能够感知外部世界、获取外部信息的能力，这是产生智能活动的前提条件和必要条件。

二是具有记忆和思维能力，即能够存储感知到的外部信息及由思维产生的知识，同时能够利用已有的知识对信息进行分析、计算、比较、判断、联想、决策等。

三是具有学习能力和自适应能力，即通过与环境的相互作用，不断学习积累知识，使自己能够适应环境变化。

四是具有行为决策能力，即对外界的刺激做出反应，形成决策并传递相应的信息。

具有上述特点的系统就称为智能系统或智能化系统。

智慧化就是升级版的智能化，就是人机环境系统之间的交互角色最优化，取长补短，优势互补。除了必要的计算机知识、数学算法外，还应把哲学、心理学、生理学、语言学、人类学、神经科学、社会学、地理学等学科的知识融合进来，只有这样，才能实现真正的智慧化。

（4）人工智能推动社会发展

从短期来看，人工智能可推动经济自动化和社会智能化。人工智能在智能交通、智能家居、智能社区等方面有突出表现。新型柔性机器人能做饭、洗碗，还可以铺床、洗衣服、遛狗。人工智能能帮你挑选穿搭、推荐晚餐吃什么。未来的城市交通也会因人工智能而得到改善。

从长期来看，人工智能将驱动经济向服务化、高端化方向转型，驱动社会向灵活化、智慧化方向转型。未来的新闻可以是情境化的，通过个性化推荐+智能计算+情景感知等降低情境化的成本；未来广告可以是精准广告，根据消费者的上下文情境，判断消费意向，进行广告的精准投放；未来的个人健康状况数据可以通过可穿戴设备记录，借助大数据分析，实现 24 小时医护和诊疗的个人定制化服务。2016 年日本东京大学用国际商业机器（IBM）公司的沃森人工智能技术，仅花了 10 分钟，便诊断出一名 60 多岁女性患有一种罕见的白血病，并提供了低成本的个性化诊疗方案。

对人工智能的安全问题，人类历来有"弗兰肯斯坦情结"。英国小说家玛丽·雪莱的小说《弗兰肯斯坦》讲述了一位理工科学生创造了一个科学生物，而这个生物最终变成了杀人狂。人工智能会不会在超越人类智力后，与人类作对呢？《人工智能》一书的作者多梅尔认为，不在于人类是否能设计出比自身好的东西，而在于相关政策是什么以及人们决定要用技术去做什么。2016 年 9 月，英国标准化协会发布了《机器人和机器系统的伦理设计和应用指南》，希望以机器人伦理指南为突破口，规避这类风险。目前各国政府、企业也越来越重视这一问题。

对人工智能发展带来的负面问题如何监管，是国际社会普遍关心的话题。美国前总统奥巴马认为，在人工智能的早期发展阶段，监管框架应当百花齐放，政府要尽量少地干预，将更多的投资用于科研，确保基础研究和应用研究之间的转化。随着技术的开发和成熟，如何将其纳入现有监管框架中，这是更加重要的问题，需要各国政府更多地参与探索。

思考与练习

1. 什么是计算机网络？计算机网络的基本功能是什么？

2. 常用的拓扑结构有哪几种？各有什么特点？

3. 什么是数据通信？数据通信方式有哪几种？

4. 计算机网络由哪几部分组成？其中硬件部分包括哪些内容？

5. 计算机网络协议的作用是什么？列举出你所知道的网络协议名称。

6. 画图说明 OSI/RM，简述各层的主要功能。

7. 什么是局域网？简述局域网的特点。

8. IP 地址指的是什么？它和域名的关系是什么？请写出一到两个 IP 地址或域名。

9. 简述 IPv4 与 IPv6 的区别。

10. 什么是云计算？什么是云存储？它们有什么关系？

11. 什么是大数据？大数据有什么特征？

12. 人工智能是什么？有哪些应用？

13. 什么是自动化、智能化和智慧化？

第5章
信息与网络安全技术

随着社会信息化进程的深入，无论是对个人还是对国家，信息都是重要的资源，保障信息安全已经成为十分紧迫的任务。随着互联网的普及，网络攻击的手段层出不穷。互联网本身存在的安全缺陷，使保障信息安全面临着诸多困难。本章主要内容如下：

- 信息与网络安全概述；
- 操作系统的安全性；
- 网络安全技术。

5.1　信息与网络安全概述

5.1.1　信息安全的含义与特征

信息安全主要涉及信息存储的安全、信息传输的安全，以及对信息内容授权使用审核方面的安全。我国在 1997 年 7 月实施了《计算机信息系统安全专用产品分类原则》，对信息安全做了明确的定义：防止信息财产被故意或偶然的非授权泄露、更改、破坏或使信息被非法的系统辨识、控制，即确保信息的完整性、保密性、可用性和可控性这 4 个特性。

（1）完整性（Integrity）：完整性是指信息未经授权不能被改变的特性，即信息在存储或传输过程中保持不被偶然或蓄意删除、修改、伪造、重放、插入等破坏和丢失的特性。只有得到授权的人才能够修改，并且能够判别出信息是否已被改变。完整性要求信息保持原样，正确地生成、存储和传输。

（2）保密性（Confidentiality）：保密性是指确保信息不泄露给未授权用户、实体或进程，不被非法利用，即信息的内容不能被未授权的第三方获知。这里所指的信息不但包括国家秘密，而且包括各种社会团体、企业组织的工作秘密和商业秘密，还包括个人的私密信息。

（3）可用性（Availability）：可用性是指可被授权实体访问并按需求使用的特性。无论何时，只要被授权者需要，就能够取得所需的信息，攻击者不能占用所有的资源而妨碍被授权者的使用，系统必须是可用的，不能拒绝服务。网络环境中的拒绝服务、破坏网络和破坏系统的正常运行等都属于对可用性的攻击。

（4）可控性（Controllability）：可控性是指对信息的传播及内容具有控制能力的特性，即授权机构可以随时控制信息的保密性。

概括地说，计算机信息安全的核心是通过计算机、网络、密码安全技术，保证信息在信息系统及公用网络中传输、交换和存储信息过程中的完整性、保密性、可用性和可控性。

5.1.2　信息安全的威胁

随着信息传输的方式不断增多，人们获取信息的渠道越来越广，信息在存储、处理和交换过程中，面临如下 3 种威胁。

1. 非法窃取信息

非法窃取信息的方式有很多，如信息截取、黑客攻击、利用技术缺陷获取等。

（1）信息截取。信息截取指的是通过信道进行信息的监听和截取，直接获取机密信息；或通过对信息的流量和通信频度、长度进行分析，间接获取有用信息。这种方式不破坏信息的内容，不易被发现。

（2）黑客攻击。黑客指的是利用技术专长攻击网站或计算机的专业技术人员。因为任何网络系统、站点都存在被黑客攻击的可能性，而黑客们又善于隐蔽，难以追踪。因此，黑客攻击已经成为网络安全的重大隐患。

（3）利用技术缺陷获取。在硬件和软件系统设计过程中，由于认知能力和技术发展的局限性，系统中可能会存在安全漏洞和后门，由此埋下了信息的安全隐患。

2. 恶意代码

恶意代码，顾名思义是一段对计算机系统实施破坏的程序，它通过各种传播途径植入计算机系统，伺机开展破坏或非法获取信息等操作。常见的恶意代码有陷阱门、病毒、木马等。

（1）陷阱门。陷阱门是某个程序的秘密入口，通过该入口，程序可以绕过正常的登录过程，直接对资源进行访问。

（2）病毒。病毒是狭义的恶意代码，是指插入计算机程序中的破坏计算机功能或者数据的代码。计算机病毒具有复制能力，能够快速蔓延，又常常难以根除。它们能把自身附着在各种类型的文件上，当文件被复制或从一个用户传送到另一个用户时，它们就随同文件一起蔓延开来。

（3）木马。木马，也称木马病毒。与一般的病毒不同，它不会自我繁殖，也并不刻意地去感染其他文件，它通过伪装自身来吸引用户下载执行。一旦木马被运行，被植入木马的系统将会有一个或几个端口被打开，使攻击者可以肆意毁坏、窃取被植入者的文件，甚至远程操控被植入者的计算机系统。

3. 拒绝服务

拒绝服务（Denial of Service，DoS）就是通过某种方法耗尽被攻击方的网络设备或服务器资源，使其不能正常提供服务的一种攻击手法。拒绝服务分为直接攻击和间接攻击两种。

随着网络应用的深入，网络信息安全威胁在规模、严重程度以及复杂性等方面有增无减，网络犯罪手段多样化、信息隐私监管力度亟待加强、企业信息安全防范意识薄弱和手段缺失等各种现状对信息安全保护提出了更大的挑战。

5.1.3　工作和生活中的网络安全

1. 账号密码被盗

不法分子开发或购买木马程序，将其伪装成其他类型的文件，并通过电子邮件、即时通信工具或文件下载等途径进行传播。普通用户在不经意间下载执行相关文件后，就有可能被窃取账号密码等敏感信息。

2. 信用卡被盗刷

在生活中，我们很有可能在不经意间泄露或被窃取信用卡账号、CVV 码、信用卡有效期或密码等敏感信息。这些信息被不法分子获得后，就有可能导致信用卡被盗刷，从而造成经济损失，危害我们的个人财产安全。

除此之外，我们还可能在生活中遇到网络诈骗和钓鱼网站等威胁，从而对个人的隐私信息、财产造成危害，影响正常生活。

3. 网络设备面临的威胁

路由器是常用的网络设备，是企业内部网络与外界通信的出口，一旦黑客攻陷路由器，长时间掌握控制内部网络访问外部网络的权限，将产生严重的后果。

4. 操作系统面临的威胁

目前，我们常用的操作系统是 Windows、Linux 以及 iOS，这些操作系统也面临着网络安全威胁。一方面，操作系统本身存在漏洞，黑客可能利用这些漏洞入侵操作系统；另一方面，黑客有可能采取非法手段获取操作系统权限，对操作系统进行非法操作或破坏。因此，人们需要重视操作系统的安全。

5. 应用程序面临的威胁

计算机上运行着大量的应用程序，包括邮箱、数据库、各种工具软件等，这些应用程序也面临着严峻的网络安全问题。例如，邮箱因被攻击而无法正常提供服务，甚至导致邮件信息泄露；企业数据库被攻击会造成大量交易信息或用户信息泄露，等等。

5.1.4　网络空间安全简介

1. 网络空间安全的主要内容

网络空间安全包括物理安全、网络安全、系统安全、应用安全、数据安全、大数据背景下的先进计算安全问题、舆情分析、隐私保护、密码学及应用等，涵盖产业界所理解的主要安全方面的内容。它们相互依存、相互交织、相互渗透、相互牵制，构成了网络空间安全整体的基础结构。

2. 我国网络空间安全面临的严峻挑战

在网络空间面临重大机遇的同时，网络空间安全形势也日益严峻，国家政治、经济、文化、社会、国防安全及公民在网络空间的合法权益都面临着风险与挑战。

（1）网络渗透危害政治安全

政治稳定是国家发展、人民幸福的基本前提。利用网络干涉他国内政、攻击他国政治制度、煽动社会动乱、颠覆他国政权，以及大规模网络监控、网络窃密等活动严重危害国家政治安全。

（2）网络攻击威胁经济安全

网络和信息系统已经成为关键基础设施乃至整个经济社会的神经中枢，若遭受攻击，将发生重大安全事件，可能会导致能源、交通、通信、金融等领域的基础设施瘫痪，造成灾难性的后果，严重危害国家经济安全和公共利益。

（3）网络有害信息危害文化安全

网络上各种思想文化层出不穷，优秀传统文化和主流价值观面临冲击。网络谣言，颓废文化和淫秽、暴力、迷信等违背社会主义核心价值观的有害信息会侵蚀青少年身心健康，败坏社会风气，误导价值取向，危害文化安全。

（4）网络恐怖和违法犯罪行为破坏社会安全

恐怖主义、分裂主义、极端主义等势力利用网络煽动、策划、组织和实施暴力恐怖活动，直接威胁人民生命财产安全、社会秩序。计算机病毒、木马等在网络空间传播蔓延，网络欺诈、黑客攻击、侵犯知识产权、滥用个人信息等不法行为大量存在，一些组织肆意窃取用户信息、交易数据、位置信息以及企业商业秘密，会严重损害国家、企业和个人利益，影响社会的和谐与稳定。

（5）网络空间的国际竞争方兴未艾

国际上争夺和控制网络空间战略资源、抢占规则制定权和战略制高点、谋求战略主动权的竞争日趋激烈。因个别国家强化网络威慑战略，加剧网络空间军备竞赛，世界和平正受到新的挑战。

网络空间机遇和挑战并存，我们必须坚持积极利用、科学发展、依法管理的原则，维护网络空间安全。

5.2　操作系统的安全性

由于操作系统管理着计算机的活动，因此，它在维护系统安全性方面也发挥着重要的作用。从完整意义上说，安全性自身有多种表现形式，可靠性就是其中的一种。如果文件管理程序的缺陷使某个文件的一部分丢失了，那么这个文件就是不安全的。例如，一个操作系统里的缺陷导致系统故障（通常称为系统崩溃），使一小时内有价值的输入内容丢失了，那么可以说，我们的工作是不安全的。因此，为确保计算机系统的安全性，我们需要设计一个完美的、可信赖的操作系统。

5.2.1　操作系统对外部攻击的防范

操作系统的一项重要的任务就是保护计算机的资源，防止其受到非授权用户的访问。若一台计算机由多人共同使用，那么，操作系统一般通过为不同的授权用户建立账户的方法来标记不同权限的用户。账户实际上是包含诸如用户的姓名、登录密码和用户的权限等条目的记录。操作系统在每个登录（Login）过程（登录过程包含一系列事务活动，在这个过程中，用户建立与计算机操作系统的初步联系）中使用这些信息管理用户对系统的访问权限。

账户由超级用户（Super User）或管理员（Administrator）创建。在登录过程中通过了操作系统的管理员身份验证（通常是使用用户名和密码的方式）的用户将享有很高的访问权限。这种联系一旦建立，该用户（管理员）就可以更改操作系统的内部设置，修改关键的软件包，调整其他用户访问系统的权限，进行各种各样一般用户不能进行的活动。

通过这种高级权限，管理员用户能够监控计算机系统的行为，检测不管是恶意还是偶然的破坏行为。为了巩固这种关系，人们开发了大量的称为审计软件（Auditing Software）的实用程序，来记录和分析发生在计算机系统中的行为。特别地，审计软件可以确定许多试图用错误密码登录系统的活动，指示出非授权用户试图获得计算机访问权的行为。

设计审计软件的另外一个目的是检测嗅探软件（Sniffing Software）的存在，嗅探软件能够记录正在运行的计算机的行为，并稍后将之报告给入侵者。例如，如果一个程序能够模拟操作系统的登录过程，那么这个程序就能被用来欺骗操作系统的授权用户，使他们认为自己是在与操作系统进行通信。然而，实际上他们是在与一个冒名顶替者进行通信，并将自己的用户名和密码提供给冒名顶替者。

令人感到吃惊的是，导致计算机系统安全问题发生的最主要的原因之一就是用户自己的疏忽。例如，用户选择的密码相对比较简单（如名字和生日等）；与多个软件共享密码；没有定时更换密码；将自己的海量存储设备在机器间来回地转移（这样就潜在地降低了系统的安全性）；在计算机系统中安装了安全性未经证实的软件（可能损坏系统的安全性）。对于上述问题，大多数计算机管理机构都采用强制的策略，将用户的需求和职责严格地分离开来。

5.2.2 操作系统对内部攻击的防范

一旦入侵者或者怀有恶意目的的授权用户获得了操作系统的访问权限，那么，他们下一步的工作通常是浏览计算机资源，寻找其感兴趣的信息或者是能够插入带有破坏目的的软件的位置。如果他们获得了系统的管理员权限，那么上述过程的发生就很自然了。这也是我们为什么要严格保护好管理员密码的原因。然而，如果是通过普通账号进行访问，那么，他们必然会欺骗操作系统，允许其获得超过授予该级别的用户的权限。例如，入侵者会尝试欺骗内存管理程序，让一个进程访问其分配的存储区以外的内存区域；或者欺骗文件管理程序，访问本应该拒绝访问的文件。

目前，CPU 在设计时已经新增了一些功能特征，能够阻止上述的攻击方式。例如，我们可以考虑这样一个需求：通过内存管理程序，将进程限制在内存给它分配的区域内。如果没有这样的限制，一个进程就能够从内存中覆盖操作系统，从而接管对计算机的控制。因此，为多任务系统设计的 CPU 通常包括若干个专用寄存器，操作系统可以在这些寄存器中保存分配给一个进程的存储区域的上下界。于是，当执行该进程时，CPU 把每个存储器引用与这些寄存器中的值进行比较，以保证该引用在指定的界限之内。如果发现这个引用在该进程指定的区域之外，CPU 将自动把控制权交还给操作系统（借助中断处理），这样一来，操作系统就可以做出合理的处置。

这个方案中还存在一个很重要的问题。如果没有进一步的安全措施，一个进程还是能够访问指定区域以外的内存单元，只需改变含有存储器界限的专用寄存器的值。也就是说，若一个进程想要访问更多的内存区域，则它只需增加存放上界的寄存器的值，就可以无须得到操作系统的批准而使用这些额外的内存区域。

为了防止这种恶意的活动，多任务处理的 CPU 被设计为工作在两种特权级（Privilege Level）之一的模式下。其中一个称为有特权模式，另一个称为无特权模式。当处在有特权模式下时，CPU 能够用自己的机器语言处理所有的指令；然而，当处在无特权模式下时，能够接受的指令就是有限的。这种仅能在有特权模式下可用的指令，称为特权指令（Privileged Instruction）。典型的特权指令包括改变内存界限寄存器的内容的指令和改变 CPU 当前的有特权模式的指令等。当 CPU 处于无特权模式时，任何执行特权指令的企图都将引起中断。这个中断将 CPU 转变为有特权模式，并将控制权交还给操作系统内部的中断处理程序。

当开机时，CPU 处于有特权模式，因此，操作系统在引导过程后开始启动时，所有的指令都可以执行。然而，每当操作系统允许一个进程开始执行它的时间片时，就通过执行改变特权模式的指令，将 CPU 切换到无特权模式。于是，如果一个进程试图执行有特权指令，那么操作系统会得到通知。这样一来，操作系统就充当了维护计算机系统完整性的角色。

有特权指令和控制特权级别是操作系统维护安全性的一个主要工具。然而，使用这些工具，对操作系统的设计而言，是一项复杂的任务。在当前的操作系统中，漏洞还在不断地出现。因此，在特权级别控制中，任何一点疏忽都可能给灾难打开大门（不论是恶意程序引起的，还是无意中的程序设计错误造成的）。如果允许一个进程更改控制分时系统的计时器，那么这个进程就能够延长其自身的时间片，甚至控制整个计算机；如果允许一个进程直接访问外围设备，那么它就能不受系统文件管理程序的监管而读取文件；如果允许一个进程访问分配给它的区域之外的内存单元，那么它就能访问甚至更改其他进程正在使用的数据。因此，维护计算机的安全性，既是管理员的一项重要任务，也是操作系统设计的一个重要目标。

5.2.3　操作系统的存储安全

计算机普遍使用磁存储设备保存数据，一旦存储设备出现故障，数据丢失或损害所带来的损失恐将会是无法估计的。

为解决这样的问题，可采取冗余数据存储的方案。冗余数据存储就是指数据同时被存放在两个或两个以上的存储设备中，该方案的实现可以由操作系统完成，也可以由一些系统工具完成。由于存储设备同时损坏的可能性很小，因此即使发生存储设备故障，数据总会从没有出现故障的存储设备中恢复，从而保证数据的安全。

冗余数据存储安全技术不同于普通的数据定时备份。若采取普通的数据定时备份方案，一旦存储设备出现故障，就会丢失没有及时备份的数据，并不能确保数据的完整性。因此，为了保障信息的可靠存储，就需要动态地实现数据备份，即重要数据需要同时被存储在两个或两个以上的存储设备中，冗余存储设备中的数据需要保持高度的一致性。

实现数据动态冗余存储的技术一般分为磁盘镜像技术、磁盘双工技术和双机热备份技术等 3 种。

1. 磁盘镜像技术

磁盘镜像的原理是：系统产生的每个 I/O 操作都在两个磁盘上执行，两个磁盘串行交替工作，当原盘出现故障时，副盘仍然正常工作，从而保证数据的完整性。

磁盘镜像备份的工作原理如图 5-1 所示。通过安装两块容量和分区一致的磁盘，在操作系统的控制下，只要对磁盘 A 进行写操作，就同时对磁盘 B 进行同样的写操作。如果磁盘 A 损坏，数据可以从磁盘 B 中恢复；反之，如果磁盘 B 损坏，数据在磁盘 A 中仍然被完好保存着。由于采用了磁盘镜像技术，两块磁盘上存储的数据高度一致，因此实现了数据的动态冗余备份。

Windows 7 操作系统中配备了支持磁盘镜像的软件。只需要在数据服务器上安装两块硬盘，再通过对操作系统进行相关的配置，就可以实现磁盘镜像技术。

磁盘镜像技术也会带来一些问题，如备份数据占用存储空间、浪费磁盘资源、降低服务器的运行速度等。

2. 磁盘双工技术

磁盘双工技术与磁盘镜像技术类似，它会同时在两块或两块以上的磁盘中保存数据，磁盘双工备份的工作原理如图 5-2 所示。在磁盘镜像技术中，两块磁盘共用一个磁盘驱动控制器；而在磁盘双工技术中，则需要使用两个磁盘驱动控制器，分别驱动各自的硬盘。

图 5-1　磁盘镜像备份的工作原理　　　　图 5-2　磁盘双工备份的工作原理

每块硬盘都有独立的磁盘驱动控制器，可以减少软件控制及复写操作的消耗时间。操作系统在执行磁盘写操作时，同时向两个磁盘驱动器发出写命令，输出写数据，因此可大大提高数据存储的速度。由此可见，磁盘双工技术在像磁盘镜像技术一样完成冗余数据存储任务的同时，还能解决数据服务器速度降低的问题。

相比磁盘镜像技术，磁盘双工技术的优势是：磁盘镜像技术中两块互为备份的磁盘共用同一个磁盘驱动控制器，若磁盘驱动控制器出现故障，则会使两个硬盘同时失去工作能力；而磁盘双工技术为每个磁盘单独配置各自的磁盘驱动控制器，这样一来，即使一个磁盘驱动控制器出现故障，由于另一个磁盘驱动控制器和磁盘仍然在工作，数据服务器对用户的数据存储服务也不会终止。可见，磁盘双工技术不仅能保护数据的完整性，还能提供一定的数据可用性支持。

3. 双机热备份技术

双机热备份，就是同时使用两台计算机，一台主机作为工作机，另一台主机作为备份机。在系统正常运行的情况下，工作机为系统提供支持，备份机监视工作机的运行情况（工作机同时监视备份机是否正常工作）。当工作机出现异常时，备份机主动接管工作机的工作，继续支持运行，从而保障信息系统能够不间断地运行。待工作机恢复正常后，系统管理员通过系统命令或自动方式，将备份机的工作切换回工作机。磁盘双机热备份的工作原理如图 5-3 所示。

对于十分重要的数据，不仅需要同时将数据存储在不同的存储设备中，还需要将不同的存储设备远距离分开放置，以避免火灾、地震这样的意外情况的破坏。双机热备份技术的优势是工作机和备份机之间的物理距离可以很远，能充分满足数据安全的要求。

双机热备份技术还可以保证当工作机出现故障时，备份机能够迅速、及时地启动，替代工作机承担相应的工作任务。

图 5-3　磁盘双机热备份的工作原理

5.2.4　Windows 操作系统安全

Windows 操作系统是个人计算机中最常用的操作系统，其安全防范是计算机信息安全的重要内容之一。

1. 操作系统的漏洞

计算机操作系统是一个庞大的软件程序集合，由于其设计开发过程复杂，操作系统开发人员存在认知局限，因此，操作系统发布后仍然会存在安全漏洞。这些安全漏洞是导致计算机系统安全问题的重要原因之一。

操作系统安全隐患一般分为两种：一是设计缺陷导致的隐患，包括网络协议、网络服务、共享等方面的缺陷；二是使用不当导致的隐患，主要表现为系统资源或用户账户权限设置不当。

操作系统的设计漏洞可以由开发厂商发布漏洞补丁程序来进行系统修复，而用户在使用操作系统的过程中也应注意自身操作方式的安全性问题。

微软公司自 Windows 10 操作系统发布以来不断发布安全补丁以修复操作系统自身存在的各种安全漏洞，及时下载安装这些补丁可以保证操作系统具有更好的安全性。

2. Windows 操作系统安全设置

计算机操作系统安全设置包括用户权限设置、共享安全设置、其他安全设置等内容。

（1）用户权限设置

用户权限设置包括系统管理员账户的安全设置与普通账户的安全设置。

① 系统管理员账户的安全设置。

安装 Windows 操作系统时默认的管理员名称为 Administrator，该账户具有最高的系统权限，是系统安全防范的重点之一。黑客入侵的一个常用手段就是获取 Administrator 账户的密码，然后控制计算机。

在应用中，应当对 Administrator 账户名称进行修改，如果不更改，攻击者就会免除试探管理员用户名称的步骤，而直接重复尝试破解这个账户的密码（穷举法）。因此，安装完操作系统后，应该将"Administrator"更改为其他名称，并设置不少于 8 位的管理员密码。

② 普通账户的安全设置。

在 Windows 操作系统中，应建立尽可能少的普通账户，多余的账户一律删除。多一个账户就多一份安全隐患。

Windows 操作系统在安装时会自动生成一个 Guest 账户，这是一个公开账户。在默认情况下，Guest 账户是不启用的。若要启用该账户，则应该给它设置一个比较复杂的密码。

创建新账户时，要限制用户的权限，只给用户真正需要的权限，权限最小化原则是系统安全的重要保障。

密码安全对于信息安全是非常重要的。很多管理员创建账户时使用简单的用户名和密码，甚至使用默认的用户名以及简单的密码，这也是系统安全的重要隐患之一。

在设置密码时应遵循以下原则：密码的长度应是 8 位或 8 位以上，避免使用生日、电话号码等简单数字或英文单词作为密码；尽量采用大小写字母和数字混合的方式。另外，保障密码安全还包括不要将密码存于计算机文件中；不要在不同应用系统上使用同一密码；定期更改密码，至少每 6 个月更改一次。按上述要求进行操作，计算机遭受黑客攻击的风险会降低到一定限度之内。

（2）共享安全设置

共享目录和磁盘是影响操作系统安全的重要因素之一，操作系统的默认共享对操作系统安全构成了巨大威胁。因此，应关闭一些不必要的共享，实现方法如下。

① 查看本地共享资源。在 Windows 7 操作系统的开始菜单的"搜索程序和文件"框中输入"cmd"命令并按"Enter"键，打开命令提示符窗口。

在命令提示符窗口的命令提示符后输入"net share"，查看共享情况，如图 5-4 所示。这里有 IPC 通道、文档以及打印机的共享，默认系统中可能还会包含硬盘的共享。如果发现有异常的共享，应该将其关闭。被关闭的共享如果下次开机的时候又出现了，那么说明计算机很可能已经被黑客所控制，或者被病毒感染。

图 5-4　查看共享

② 删除共享。在命令提示符窗口中输入下列命令可以删除共享。

```
net share ipc$ /delete//删除 ipc 共享
net share c$ /delete //删除 C 盘共享，删除其他盘符共享的操作类似
```

（3）其他安全设置

① 取消自动登录设置。在安装 Windows 操作系统时，如果选择了自动登录选项，则每当计算机系统启动时都不会要求用户输入用户名和密码，而是自动利用用户上次登录使用过的用户名和密码进行登录。如果应用这种设置，非法用户就会很容易地进入计算机系统，所以应取消自动登录设置。

② 使用 NTFS 分区。最好将所有分区都改成 NTFS 格式，这是因为 NTFS 文件要比 FAT 文件、FAT32 文件系统更为安全。

③ 进行资料备份。一旦系统资料被破坏，备份盘将是恢复资料的唯一途径。备份完资料后，将备份盘放在安全的地方。另外，注意不要将资料备份在同一台机器上，避免备份文件被损坏。

④ 操作系统及时升级。一定要给操作系统及时地打上补丁，安装最新的升级包。Windows 操作系统的补丁一般会在发现漏洞半个月后发布，系统升级是保证操作系统安全的基础。

5.3　网络安全技术

网络安全技术是为了保证网络及节点的安全而采取的技术和方法，主要包括网络访问安全控制和防火墙技术等。

5.3.1　网络访问安全控制

1. 访问控制技术

访问控制是网络安全防范和保护的主要策略，它的主要任务是保证网络资源不被非法使用和访问，是保证网络安全最重要的核心策略之一。访问控制涉及的技术也比较广，包括入网访问控制、网络权限控制、目录级控制以及属性控制等多种手段。访问控制是基本的安全防范措施。访问控制技术是通过用户注册和对用户授权进行审查的方式实施的。用户访问信息资源，首先需要通过用户名和密码的核对和校验。然后，访问控制系统监视该用户所有的访问操作，并拒绝用户的越权访问行为。

（1）密码认证方式

密码认证方式普遍存在于各种操作系统中，例如，登录系统或使用系统资源前，用户需要先输入其用户名和密码，以通过系统的认证。

密码认证的工作机制是，用户将自己的用户名和密码提交给系统，系统根据用户数据库核对无误后，承认用户身份，允许用户访问所需资源，原理如图 5-5 所示。

图 5-5 密码认证的工作机制

密码认证的使用方法不是一个可靠的访问控制机制。因为其密码在网络中一般是以明文传送的，没有受到任何保护，所以攻击者可以很轻松地截获密码，并伪装成授权用户进入系统。

（2）加密认证方式

加密认证方式可以弥补密码认证的不足，在这种方式中，双方使用请求与响应的认证方式。在请求与响应过程中，通过加密算法实现信息加密，目的是以尽量小的代价提供尽量高的安全保护。在大多数情况下，信息加密是保证信息在传输过程中的机密性的唯一方法。

加密策略虽然能够保证信息在网络传输的过程中不被非法读取，但是不能解决在网络上通信的双方相互确认彼此身份的真实性问题。这个问题需要采用认证策略解决。认证就是指对用户的身份是否合法进行验证。在目前的网络安全解决方案中，多采用两种认证形式，一种是第三方认证，另一种是直接认证。

认证方法将在数字签名和数字证书部分进行介绍。

2. 数据加密技术

（1）加密和解密

数据加密就是将信息转换成一种不可读或不可理解的形式。数据加密技术涉及密码学这一学科，常用术语如下。

① 明文：需要传输的原文。

② 密文：对原文加密后产生的信息。

③ 加密算法：将明文加密为密文的变换方法。

④ 密钥：控制加密结果的数字或字符串。

借助加密手段，信息以密文的方式归档存储在计算机中，或通过网络进行传输，即使发生非法截获数据或泄露数据的事件，非授权者也不能理解数据的真正含义，从而达到信息保密的目的。同理，非授权者不能伪造有效的密文数据达到篡改信息的目的，进而确保数据的真实性。

解密的原理和加密相同。下面以实例说明加密和解密的具体过程。

在字母表中，将各小写字母做加 2（后移两个字符）的操作并做模 26 的求余运算。这样一来，明文 a,b,c,d,…,x,y,z 加密后的密文为 c,d,e,f,…,z,a,b。若有一英文单词 word，则加密后的密文为 yqtf。这样的加密方法所用的代码称为代替密码，密钥为 2。该过程如图 5-6 所示。

图 5-6　数据的加密和解密过程

加密和解密的核心之一就是加密密钥和加密算法两部分。在本例中，加密密钥是 2，加密算法是加 2 并做模 26 的求余运算。在加密过程中，密钥越长，加密算法越复杂，安全性就越好。

在本例中，加密密钥和解密密钥相同，是一种对称加密方式，还有一种非对称加密方式，加密和解密使用的密钥是不同的。目前国际上常用的加密方式有对称密钥密码体系和非对称密钥密码体系两种。

（2）对称密钥密码体系

对称密钥密码体系又称密钥密码体系，即加密密钥与解密密钥是相同的。在上面的例子中，采用的就是对称密钥密码体系。若有 N 个人要互相进行加密通信，则每一个人必须保存另外 $N-1$ 个人的密钥，保存密钥的工作量大。

对称密钥密码体系加密方法的优势是它的速度很快，而且特别适用于本地数据（用于防止存储泄漏）。然而，对于使用对称密钥密码体系加密方法进行安全通信的双方来说，他们必须拥有相同的密钥而且不能让别人知道。如果他们处在不同的物理位置，则需要安全地传输密钥。由于安全地传输密钥非常困难，因此使用对称密钥密码体系加密方法来进行安全传输数据的代价是非常高的。在传输过程中偷听或截获到密钥的任何人，都能够阅读、修改和伪造密文。

（3）非对称密钥密码体系

对称密钥密码体系要求通信双方事先协商好密钥，这在实际应用中有时很难做到。例如，两个从未见过面的人要进行保密通信，就很难实现事先约定密钥。于是需要一种新的密钥体系——公共加密密钥，非对称密钥密码体系提供了这种条件。

非对称密钥密码体系又称公钥密码体系，它的加密密钥和解密密钥是两个不同的密钥，一个称为公开密钥，另一个称为解密密钥。两个密钥必须配对使用才有效，否则不能打开加密的文件。公开密钥（公钥）是公开的，向外界公布。而私有密钥（私钥）是保密的，只属于合法持有者本人所有。在网络上传输数据之前，发送者先用公钥将数据加密，接收者则使用自己的私钥进行解密，用这种方式来保证信息、秘密不外泄，很好地解决了密钥传输的安全性问题。

非对称密钥密码体系的最大特点是：每个用户的密钥由两个不同的部分组成，即公开的加密密钥和保密的解密密钥，而且即使算法公开，人们也很难从其中一个密钥推出另一个。因此，任何人都可以使用其他用户的公开密钥来对数据加密，但是只有拥有解密密钥的用户才能对加过密的数据进行解密。这样一来，互不相识的人也可以进行加密通信。

非对称密钥密码体系的加密算法一般都基于尖端的数学难题，计算非常复杂。具有代表性的公钥密码体制是 RSA 密码体制，目前，RSA 密码体制已得到了广泛的应用。

在实际应用中，网络信息传输的加密通常采用对称密钥密码和非对称密钥密码相结合的混合加密体系，即加密、解密采用对称密钥密码，密钥传递则采用公钥密钥密码，这样既解决了密钥管理的困难，又解决了加密和解密速度慢的问题。

3. 数字签名

为了能在网络中有效地确定电子文档发送者的身份，可以使用数字签名（Digital Signature）功能。

数字签名就是通过某种密码运算生成一系列由符号及代码组成的电子密码从而对电子文档进行签名。数字签名功能类似现实生活中的手写签名，但数字签名并不就是手写签名的数字图像化，而是加密后得到的一种数据。数字签名是目前电子商务、电子政务中应用普遍、技术成熟、可操作性强的一种电子签名方法。

数字签名的目的是保证发送信息的真实性和完整性，确认网络通信中双方的身份，防止欺骗和抵赖行为的发生。

为了确保数字签名能够实现网上身份的认证，必须满足以下 3 个要求。

（1）接收方可以确认发送方的真实身份。

（2）接收方不能伪造签名或篡改发送的信息。

（3）发送方不能抵赖自己的数字签名。

数字签名的应用过程是，数据发送方使用自己的私钥对电子数据进行加密处理，完成对数据的合法签名，数据接收方则利用对方的公钥来解读收到的数字签名，并将解读结果用于数据完整性的检验，以确认签名的合法性。在实际应用中，一般把签名数据和被签名的电子文档一起发送，为了确保信息传输过程的安全和保密，通常采取加密传输的方式。

例如，假设用户 A 需要发送一个添加了数字签名的加密电子文档给用户 B，主要操作步骤如下。

（1）A 利用自己的私钥来对电子文档进行加密实现签名。

（2）A 再利用用户 B 的公钥对添加了签名数据的文档进行加密。

（3）用户 B 收到密文以后，用自己的私钥对密文进行解密。

（4）B 再利用 A 的公钥来解密，验证 A 的数字签名的真伪。

应用广泛的数字签名方法主要有 3 种，即 RSA 签名、DSS 签名和 Hash 签名。若要能够添加数字签名，则必须有一个和公钥相对应的私钥，而且还要能够证明公钥持有者的合法身份，数字证书技术可以解决这个问题。

4. 数字证书

为了保证 Internet 上电子信息的安全性、保密性等，必须在网上建立一种信任机制。这种信任机制的核心是参加信息交换的双方都必须具有合法的身份，并且在网上能够被有效无误地验证。数字证书是一种权威性的电子文档，它提供了一种在 Internet 上进行身份验证的方式，其作用类似司机的驾驶执照或日常生活中的身份证。数字证书是由证书授权（Certificate Authority，CA）中心发行的，用户可以在互联网上的交流中用它来识别对方的身份。

在数字证书认证的过程中，证书授权中心作为权威的、公正的、可信赖的第三方，其作用是至关重要的。数字证书一般包含用户的身份信息、用户的公钥信息，以及证书授权中心的签名数据。证书授权中心的数字签名可以确保证书的真实性，用户公钥信息可以保证信息传输的完整性，用户的数字签名可以保证信息的不可否认性。

（1）数字证书的使用过程

数字证书必须具有唯一性和可靠性。为了达到这一目的，需要采用很多技术来实现。通常，数字证书采用公钥体制，即利用一对互相匹配的密钥进行加密和解密。具体过程如下。

① 每个用户自己设定一个特定的仅为本人所有的私钥，用它进行解密和签名。

② 设定一个公钥并由本人公开，为一组用户所共享，用于加密和验证签名。

③ 当发送一份保密文件时，发送方使用接收方的公钥对数据进行加密，而接收方使用自己的私钥进行解密，这样一来，信息就可以安全无误地到达接收方了。

通过数字手段可保证加密过程是一个不可逆过程，即只有用私有密钥才能解密。公开密钥技术解决了密钥发布的管理问题，用户可以公开其公开密钥，而保留其私有密钥，这就是数字证书的工作原理。

（2）数字证书的作用

数字证书主要用于实现数字签名和信息的保密传输。

① 用于数字签名。发送方 A 用自己的私钥加密添加数字签名，而接收方 B 利用 A 的数字证书中的公钥解密来验证签名。

② 用于保密传输。发送方 A 用接收方 B 的数字证书中的公钥来加密明文，形成密文发送，接收方 B 收到密文后就可以用自己的私钥进行解密获得明文。

目前的数字证书类型主要包括个人数字证书、单位数字证书、单位员工数字证书、服务器证书、VPN 证书、WAP 证书、代码签名证书和表单签名证书等。最著名的证书授权机构是成立于 1995 年的美国 Verisign 公司，它为世界上的许多国家提供数字认证服务。国内常见的证书授权机构有中国商务在线、中国数字认证网、北京数字证书认证中心、中国金融认证中心等。

随着 Internet 的普及、各种电子商务活动和电子政务活动的飞速发展，数字证书开始广泛地应用到各个领域之中，目前主要包括发送安全电子邮件、访问安全站点、网上订购、安全网上公文传送、网上缴费、网上炒股等。

5.3.2 防火墙技术

防火墙是一种将内部网络与外部网络分隔开的技术与方法，是提供信息安全服务，实现网络和信息安全的重要基础设施，主要用于限制被保护的内部网络与外部网络之间进行的信息存取、信息传递等操作。

1. 防火墙的概念

防火墙是用于保护计算机网络中的重要数据信息不被窃取和篡改的计算机软件系统和硬件系统的总和，是设置在被保护网络和外部网络之间的一道屏障（见图 5-7），以实现对网络的安全保护，防止发生不可预测的、潜在的破坏性侵入。

防火墙概念源于建筑行业，以前，人们经常在建筑物之间修筑一道砖墙，以便在发生火灾时阻止火势从建筑物的一端蔓延到另一端，这种砖墙被人们称为防火墙。网络防火墙（一般简称为防火墙）的功能与此类似，用于阻止外部网络对内部网络的非法访问。

图 5-7　防火墙示意图

我国公共安全行业标准中对防火墙的定义为：设置在两个或多个网络之间的安全阻隔，用于保证本地网络资源的安全，通常包含软件部分和硬件部分的一个系统或多个系统的组合。

防火墙实际上是一种访问控制技术，是一类防范措施的总称，不是一个单独的计算机程序或设备。防火墙通常被安装在受保护的内部网络通往 Internet 的唯一出入点上，它能根据一定的安全策略有效地控制内部网络与外部网络之间的访问及数据传输，从而达到保护内部网络的信息不受外部非授权用户的访问和过滤不良信息的目的。

防火墙必须满足两个基本需求：保证内部网的安全性，保证内部网与外部网之间的连通性。两者缺一不可，既不能因为安全性而牺牲连通性，也不能因为连通性而牺牲安全性。

因此，防火墙一般可以实施网间访问控制，强化安全策略；有效地记录 Internet 上的活动，以便进行审计、报警和流量管理；隔离网段以限制安全问题扩张等。

2. 防火墙的类型

根据防火墙所采用技术的不同，可将防火墙分为包过滤防火墙、代理服务器防火墙和状态检测型防火墙 3 类。

（1）包过滤防火墙

包过滤防火墙是防火墙的初级产品，它在网络层对数据包进行选择和过滤，其技术依据是对网络层中的数据传输单位包进行检测。根据检测获取的数据包中的一些特定信息，如数据的源地址、目的地址、TCP 或 UDP 的源端口和目的端口等，可以推断其基本情况，并据此对其做出相应的处理。

例如，通过读取地址信息，防火墙可以判断一个包是否来自可信任的安全站点，一旦发现来自危险站点的数据包，防火墙便会将这些数据拒之"墙"外。网络管理人员也可以根据实际情况灵活制定判断规则。

包过滤技术的优点是简单实用，实现成本较低，并且处理效率高，在应用环境比较简单的情况下，能够以较小的代价在一定程度上保证系统的安全性，并且保证网络具有比较强的数据吞吐能力。包过滤技术的缺陷也很明显，由于包过滤技术是一种完全基于网络层的安全技术，只能根据数据包的源地址、目的地址和端口等基本网络信息进行判断，无法识别基于应用层的恶意侵入（如恶意的 Java 小程序以及电子邮件中附带的病毒等），所以有经验的入侵者可以编写伪造 IP 地址的入侵程序，以骗过包过滤防火墙。

（2）代理服务器防火墙

代理服务器技术是面向应用级防火墙的一种常用技术，它为内部网络提供访问 Internet 的代理服务。

代理服务器位于客户机与服务器之间，完全阻挡了两者间的数据交流。从客户机来看，代理服务器相当于一台真正的服务器；从服务器来看，代理服务器则相当于一台客户机。当客户机需要使用服务器上的数据时，首先将数据请求发送到代理服务器，代理服务器再根据这一请求向真正的服务器请求数据，然后由代理服务器将数据传输给客户机。由于外部系统与内部服务器之间没有直接的数据通道，外部的恶意攻击也就很难触及内部网络系统。

防火墙内部计算机系统间应用层的链接由代理服务器实现，外部计算机的网络链路只能到达代理服务器，从而起到隔离防火墙内外计算机系统的作用。此外，代理服务器也对过往的数据包进行分析、注册登记，然后形成报告。当发现被攻击迹象时，代理服务器会向网络管理员发出警报。

代理服务器防火墙的优点是安全性高于包过滤防火墙，可以针对应用层进行侦测和扫描，可有效地防止应用层的恶意入侵和病毒。缺点是对系统的整体性能有较大的影响，系统的处理效率会有所下降。由于代理服务器防火墙对数据包进行内部结构的分析和处理，会导致数据包的吞吐能力降低（低于包过滤防火墙）；同时，代理服务器必须针对客户机可能产生的所有应用类型逐一进行设置，增加了系统管理的复杂性。

（3）状态检测型防火墙

状态检测型防火墙检测每一个有效连接的状态，并根据检测结果决定数据包是否通过防火墙。由于一般不对数据包的上层协议封装内容进行处理，所以状态检测型防火墙的包处理效率要比代理服务器防火墙高。必要时可以对数据包的应用层信息进行提取，这样一来，状态检测型防火墙就具有了代理服务器防火墙的安全性特征。

因此，状态检测型防火墙提供了比代理服务器防火墙更强的网络吞吐能力和比包过滤防火墙更高的安全性。在网络的安全性和数据处理效率这两个相互矛盾的因素之间进行了较好的平衡，但它并不能根据用户策略主动地控制数据包的流向。随着用户对通信要求的进一步提高，状态检测技术也在逐渐完善。

思考与练习

1. 信息安全的含义与特征是什么？
2. 信息安全面临的主要威胁有哪些？
3. 操作系统可以采取哪些方式防范来自操作系统外部和操作系统内部的攻击？
4. 如何保证网络的安全？

第6章
软件技术基础

计算机软件技术是计算机技术的一个重要组成部分，是计算机技术中最为活跃的领域之一，是衡量计算机技术发展阶段的重要标志。随着计算机应用的普及，掌握一定的计算机软硬件基础知识已经是成为现代社会人才的必要条件。在掌握计算机硬件知识的基础上，学习一定的软件技术基础知识，理解计算机软件中的一些基本原理、方法和思想，有助于提高自身的软件素质，增强对软件的理解，掌握利用计算机软件解决实际问题的方法，并奠定一定的软件设计基础。本章介绍计算机软件技术的基本知识，主要包括如下内容：

- 软件工程基础；
- 程序设计基础；
- 算法与数据结构；
- 数据库技术。

6.1 软件工程基础

软件开发是一个复杂的过程，开发的周期长、成本高，参与人员多，用户期望值高。如何以较低的成本开发出高质量的、令用户满意的软件，如何提高软件开发的效率和自动化程度，如何增强软件的可维护性，如何对软件工程进行管理，等等，这些都是软件工程学研究的问题。

软件工程（Software Engineering，SE）就是把软件开发作为工程项目进行全面管理，采用工程学的原理、技术和方法指导计算机软件开发和维护的一门工程学科。本节主要介绍软件工程的基本概念、软件开发过程和开发方法，以及软件测试和软件维护技术等。

6.1.1 软件工程概述

1. 软件的定义与特点

软件不等同于程序。软件的定义为：与计算机系统的操作有关的计算机程序、规程、规则以及可能含有的文件、文档、数据。从上述定义可见，软件由两部分组成：可以执行的程序和运行程序所需的数据；不可执行的，与软件开发、运行、维护、使用等有关的文档。因此软件也可以简单地定义为：软件=程序+文档。

软件在开发、生产、维护和使用等方面与计算机硬件相比存在明显的差异。软件具有如下特点。

（1）软件是逻辑实体，而不是物理实体，具有抽象性。

（2）软件的生产与硬件不同，它没有明显的制造过程。

（3）软件在运行、使用期间不存在磨损、老化问题。

（4）软件的开发、运行对计算机系统具有依赖性。

（5）软件的复杂度高，开发和设计成本高。

（6）软件开发涉及诸多社会因素。

2. 软件危机与软件工程

20 世纪 60 年代，由于计算机硬件技术的进步，计算机运行速度、容量和可靠性有显著的提高，生产成本有显著的下降，为计算机的广泛应用创造了条件。一些复杂的、大型的软件开发项目被提出来。但是，软件开发技术一直未能满足发展的要求，人们找不到解决软件开发过程中遇到的问题的办法。因此，问题逐渐累积起来，形成了尖锐的矛盾，导致了软件危机。

软件危机具体表现在以下方面：软件开发的经费预算经常超出，完成时间一再拖延；开发的软件不能满足用户的需求；软件产品难以维护；软件产品的质量无法保证等。造成上述软件危机的原因概括起来有以下方面：软件的规模越来越大，结构越来越复杂；软件开发的管理困难；软件开发技术落后；生产方式落后；开发工具落后，生产率提高缓慢等。

为了解决软件危机，人们试图采用工程学和数学的方法解决软件开发和维护过程中的一系列问题，从而形成了一门新兴的计算机学科——软件工程学。

IEEE 对软件工程的定义为：软件工程是将系统化的、规范化的、可度量的方法应用于软件的开发、运行和维护过程，即将工程化方法应用于软件中的学科。

软件工程包括方法、工具和过程这 3 个要素。方法是完成软件工程项目的技术手段；工具用于支持软件开发、管理及文档生成；过程是对软件开发的各个环节的控制和管理。

软件工程的核心思想是把软件产品作为一个工程产品对待，就像其他工业产品一样。人们把需求计划、工程审核、质量监督等工程化概念引入软件开发过程，以便对软件的开发过程进行规范化管理。同时，针对软件的特点，人们提出许多有别于一般工业工程技术的方法，如结构化方法、面向对象方法及软件开发过程等。

3. 软件生命周期

软件工程的过程是一个软件开发机构针对某类软件产品所规定的工作步骤。软件工程过程通常包括以下 4 种基本活动。

（1）P（Plan）——软件规格说明。规定软件的功能及其运行时的限制。

（2）D（Do）——软件开发。生产满足规格说明的软件。

（3）C（Check）——软件确认。确认软件能够满足客户提出的要求。

（4）A（Action）——软件演进。为满足客户不断变更的要求，软件必须在使用过程中不断演进。

通常，将软件产品从提出、实现、使用、维护到停止使用的全过程称为软件生命周期。软件生命周期可以分为定义、开发及运行维护 3 个时期，每个时期又可进一步地划分成若干个阶段，如图 6-1 所示。

图 6-1　软件生命周期

软件生命周期的主要活动阶段介绍如下。

（1）问题定义。确定系统"要解决什么问题"，明确任务。

（2）可行性研究。可行性研究不是具体解决问题，而是研究问题的范围，从经济、技术和法律等方面探索这个问题是否值得去解决，是否有可行的解决办法。在对软件系统进行调研和可行性论证的基础上制定初步的项目开发计划。

（3）需求分析。开发人员根据用户对软件系统在功能、行为、性能、设计约束等方面提出的需求进行分析并给出详细定义。编写软件需求规约及初步的用户手册，并提交评审。

（4）软件设计。系统设计人员和程序设计人员应该在反复理解用户需求的基础上，给出软件的结构与模块的划分、功能的分配及处理流程。在系统比较复杂的情况下，设计阶段可分解成概要设计阶段和详细设计阶段。编写概要设计说明书、详细设计说明书和测试计划初稿，并提交评审。

（5）编码。把软件设计转换成计算机可以接受的程序代码，即完成源程序的编码。编写用户手册、操作手册等面向用户的文档，编写单元测试计划。

（6）测试。在设计测试用例的基础上，先测试软件的每个模块，然后集成测试，最后在用户的参与下进行验收测试和系统测试，编写测试分析报告。

（7）运行和维护。将软件交付用户运行使用，并在运行使用过程中不断地维护和更新，根据用户在使用过程中提出的需求进行必要而且可能的扩充和删改。

（8）退役。当软件已经无法满足客户的需求，需停止维护，结束软件的生命周期。

在划分软件生命周期各阶段时应注意使各阶段的任务彼此间尽可能相对独立，同一阶段的任务性质尽可能相同，从而降低每个阶段任务的复杂程度，简化不同阶段之间的联系，以利于软件开发工程的组织管理。

4. 软件工程的目标和主要内容

（1）软件工程的目标

软件工程的目标是在给定成本与进度计划的前提下，开发出满足用户需求，且具有有效性、可靠性、可理解性、可维护性、可重用性、可适应性、可移植性、可追踪性和可互操作性的软件产品。

软件工程需要达到的基本目标是：付出较低的开发成本；达到要求的软件功能；取得较好的软件性能；开发的软件可移植性好；需要的维护费用较低；能按时完成开发并及时交付使用。

（2）软件工程的主要内容

基于软件工程的目标，软件工程的主要内容包括软件开发技术和软件工程管理。

① 软件开发技术包含软件开发方法学、开发过程、开发工具和软件工程环境。软件开发技术的主体内容是软件开发方法学，即根据不同的软件类型，按照不同的原则，对软件开发中的策略、步骤，以及需产生的文档做出必要规定，从而使软件的开发进入规范化、工程化的阶段。

② 软件工程管理则包含软件管理学、软件工程经济学、软件心理学等内容。

5. 软件开发工具与软件开发环境

（1）软件开发工具

软件开发工具是为支持软件开发人员的开发和维护活动而使用的软件。软件开发工具的发展和完善促进了软件开发方法的进步和完善，使开发人员能高速高质量地开发软件。软件开发工具的发展是从单项工具的开发逐步向集成工具发展的，软件开发工具可为软件工程方法提供自动的或半自动的软件支撑环境。同时，软件开发方法的有效应用也必须得到软件工具的支持，否则方法将难以有效地实施。

（2）软件开发环境

软件开发环境（或称软件工程环境）是全面支持软件开发全过程的软件工具集合。它们按照一定的方法或模式组合在一起，支持软件生命周期内的各个阶段和各项任务的完成。

计算机辅助软件工程（Computer Aided Software Engineering，CASE）是当前软件开发环境中富有特色的研究领域和发展方向。CASE 将各种软件工具、开发机器和一个存放开发过程信息的中心数据库组合起来，形成软件工程环境。CASE 能最大限度地降低软件开发的技术难度，并使软件开发的质量得到保证。

6.1.2　结构化开发方法

软件开发方法是软件开发过程中所遵循的方法和步骤。研究和使用软件开发方法的目的在于有效地得到满足某些质量要求的软件产品。软件开发方法包括分析方法、设计方法和编程方法。

目前较常见的软件开发方法主要包括结构化方法和面向对象方法。

结构化方法是一种成熟的软件开发方法，由结构化分析、结构化设计和结构化编程 3 部分构成。用结构化方法开发软件的过程是：从系统需求分析开始，运用结构化分析方法建立环境模型（即用户要解决的问题，以及要达到的目标、功能和环境）；需求分析完成后采用结构化设计方法进行系统设计，确定系统的功能模型；最后，进入软件开发的实现阶段，运用结构化编程方法确定用户的实现模型，完成目标系统的编码和调试工作。

1. 结构化分析

（1）需求分析

软件需求是指用户对目标软件系统在功能、性能、设计约束等方面的要求。需求分析是系统开发初期的一项重要工作，其任务主要包括发现需求、提炼需求、定义需求。

需求分析阶段的工作包括以下 4 个主要步骤。

① 需求获取。需求获取的任务是明确用户对目标系统各方面的需求。需求获取是在与用户的交流过程中认真理解用户的要求，不断收集、积累用户的各种需求信息，帮助用户理清模糊的需求，排除不合理的需求，最终全面地、清晰地提炼出系统的功能性与非功能性需求的工作。

② 需求分析。需求分析是对获取的需求进行分析和综合，提出目标系统的逻辑模型的工作。

③ 编写需求规格说明书。需求分析阶段的成果是需求规格说明书，在需求规格说明书中应明确定义系统的各项需求，并给出系统的逻辑模型。

④ 需求评审。在需求分析的最后一步，对需求获取、需求分析等进行全面审查，力图发现需求分析中的错误和缺陷，最终确认系统需求规格说明书。

（2）结构化分析方法

结构化分析方法是 20 世纪 70 年代中期由爱德华·尤登（E. Yourdon）等人倡导的一种面向数据流、自顶向下、逐步求精的进行需求分析的方法。该方法使用简单易读的符号，根据分解与抽象的原则，按照系统中数据处理的流程，用数据流图来建立系统的功能模型，从而完成需求分析。结构化分析的具体步骤如下。

① 通过对用户的调查，以软件的需求为线索，了解当前系统的工作流程，获得当前系统的具体业务模型。

② 去掉具体业务模型中的非本质因素，抽象出当前系统的逻辑模型。

③ 根据计算机的特点分析当前系统与目标系统的差别，建立目标系统的逻辑模型，并用数据流图、数据字典等工具将目标系统的逻辑模型描述出来。

④ 完善目标系统并补充细节，写出目标系统的软件需求规约。

⑤ 对软件需求规约的内容进行评审，直到确定完全满足用户对软件的需求为止。

（3）结构化分析工具

结构化分析使用的工具主要有数据流图、数据字典、判定树和判定表。

① 数据流图

数据流图（Date Flow Diagram，DFD）是需求分析阶段使用的一种主要工具，它以图形的方式表示数据处理系统中信息的变换和传递过程。数据流图主要包括以下 4 种图形元素。

◯ 加工（转换）。输入的数据经过加工变换后产生输出。

➡️ 数据流。表示沿箭头方向流动的数据，一般标有数据流名。

▬ 表示处理过程中存放各种数据的文件。

▭ 外部实体。表示数据源及数据终点，是系统外实体，是系统和外部环境的接口。

DFD 是一种分层次的图形模型，在需求阶段，对系统进行了解和分析后，一般使用数据流图为系统建立逻辑模型。图 6-2 所示为网上商店的数据流图。

（a）网上商店顶层DFD

（b）网上商店1层DFD

图 6-2　网上商店的数据流图

② 数据字典

数据字典（Data Dictionary，DD）可与数据流图配合使用，它能对数据流图中出现的所有数据元素给出逻辑定义。数据词典可使数据流图上的数据流、加工逻辑和文件得到确切的解释。

例如，网上商店的数据流图中，存储文件"顾客数据"的 DD 定义如下：

顾客数据=顾客 ID+顾客姓名+注册日期+性质；

顾客 ID=6 {字母} 12；

注册日期=年+月+日；

性质= "1" …… "3"。

在数据字典中，常用定义方式描述数据结构。在上述顾客数据的 DD 定义中，"="符号表示由什么构成，"n{　}m"符号表示重复，即括号中的项重复若干次，n、m 分别表示重复次数的下限、上限。

③ 判定树和判定表

结构化分析使用的工具还有判定树和判定表。在表达一个加工逻辑时，判定树、判定表都是很好的描述工具，特别是对于约束条件复杂，有各种组合条件的判定情况而言，使用判定树和判定表可以使问题的描述更为清晰。

（4）软件需求规约

软件需求规约是需求分析阶段的最后成果，是软件开发中的重要文档之一。软件需求规约通过建立目标系统完整的数据描述、功能和行为描述、性能需求和设计约束的说明，给出目标软件的各种需求。

软件需求规约的作用是使用户和软件开发者双方对该软件的初始规定有一个共同的理解，便于用户、开发人员进行交流，是软件开发工作的基础和依据，并可作为确认测试和验收的依据。

2. 结构化设计

（1）结构化设计基础

软件设计是软件工程的重要阶段，是把软件需求转换为软件表示的过程。

结构化设计方法采用自顶向下的模块化设计方法，按照模块独立性原则和软件设计策略，将需求分析得到的数据流图转换为软件的体系结构，用软件结构图来建立系统的物理模型，并设计每个模块的算法流程。

从技术角度来看，软件设计包括软件结构设计、数据设计、接口设计和过程设计。

从工程管理角度来看，软件设计包括概要设计和详细设计。概要设计将软件需求转化为软件体系结构，确定系统级接口、全局数据结构、数据库模式；详细设计确立每个模块的实现算法和局部数据结构，用适当的方法表示算法和数据结构的细节。

在软件设计过程中，应遵循以下 4 个基本原则。

① 抽象。抽象就是抽取事物最基本的特性和行为，忽略其他细节。软件设计中采用分层次抽象、自顶向下、逐层细化的办法，降低软件开发过程的复杂性。

② 模块化。模块化是指在解决一个复杂问题时自顶向下逐层地把软件系统分成若干个小的、相对独立但又相互关联的模块的过程。模块是软件中相对独立的成分，每个模块完成一个特定的子功能，

各个模块可以组装起来形成一个整体，从而实现整个系统的功能。模块化可以降低问题的复杂度，减少开发工作量，提高软件开发效率。

③ 信息隐蔽。信息隐蔽是指一个模块内包含的信息，对于不需要这些信息的其他模块来说，是不能访问的。

④ 模块独立性。模块独立性是指每个模块只完成系统要求的独立子功能，并且与其他模块的联系最少且接口简单。模块的独立程度是评价系统设计优劣的重要标准。衡量模块独立性可以引入两个定性的度量标准：内聚性和耦合性。

a. 内聚性：一个模块内部各个元素间彼此结合的紧密程度的度量。一个模块的内聚性越强，则其模块独立性越强。

b. 耦合性：模块间互相连接的紧密程度的度量。它取决于各个模块之间接口的复杂度、调用方式等。一个模块与其他模块的耦合性越弱，则其模块独立性越强。

耦合与内聚是相互关联的。在程序结构中，各模块的内聚性越强，则耦合性越弱。一般来说，优秀的软件设计应尽量做到高内聚、低耦合，以提高模块的独立程度。

（2）概要设计

概要设计的基本任务如下。

① 软件系统结构设计。采用某种设计方法，将一个复杂的系统按功能划分成若干个模块；确定模块的功能；确定模块之间的调用关系；确定模块之间的接口；评价模块结构的质量。

② 数据结构及数据库设计。

③ 概要设计文档编写。需要编写的文档主要有概要设计说明书、数据库设计说明书、集成测试计划等。

④ 概要设计文档评审。

常用的软件结构设计工具是结构图（Structured Chart，SC），也称程序结构图。结构图是描述软件结构的图形工具，可用来描述软件的模块结构、模块之间的依赖或调用关系、模块之间传递的参数信息等。

结构图的基本符号有如下 3 种。

一般模块：用矩形表示，矩形内注明模块的功能和名称。

数据信息：用带空心圆的箭头表示模块调用过程中传递的数据信息。

控制信息：用带实心圆的箭头表示模块调用过程中传递的控制信息。

与图 6-2 所示的 DFD 图相对应的结构图如图 6-3 所示。

图 6-3　结构图示例

（3）详细设计

详细设计为软件结构图中每一个模块确定实现算法和局部数据结构，用某种选定的表达工具表示算法和数据结构的细节。在详细设计阶段，要对每个模块规定的功能及算法进行设计，给出适当的算法描述，确定模块内部的详细执行过程。详细设计的目的是确定应该如何具体实现所要求的系统，其不同于编码或编程。

常见的详细设计工具有图形工具、表格工具和语言工具 3 类。

① 图形工具：程序流程图、N-S 图、PAD、HIPO。

② 表格工具：判定表。

③ 语言工具：PDL（伪代码）。

3. 结构化编程

结构化编程就是根据结构化程序设计原理，选择一种适当的程序设计语言，将每个模块的功能用程序代码表示出来，最终得到可交付用户使用的软件产品。

结构化编程方法的基本要点如下。

（1）采用自顶向下、逐步求精的程序设计方法。

（2）使用顺序、选择和循环 3 种基本控制结构构造程序。

（3）子程序尽可能只设置一个入口、一个出口。

（4）程序风格应尽量明确、清晰，适当增加注释，书写格式体现层次结构，变量名的选用应尽量具有逻辑意义，且易读、易理解。

（5）在编写程序的同时完成有关的文档编撰，以加快软件的开发进度。

结构化方法的指导思想是自顶向下、逐步求精，它的基本原则是功能的分解与抽象。自顶向下是指从顶层的主模块开始，向下一层层地确定和编写所需要的模块；而逐步求精是先考虑总体和全局、后考虑细节，先对每个模块的功能进行一般性描述，然后逐步将其精确化为程序。

结构化方法是软件工程最初使用的开发方法，特别适合应用于数据处理领域。但结构化方法不适用于大规模的项目及特别复杂的项目,该方法难以解决软件重用问题,后续开展的维护工作十分烦琐,也难以适应新的需求变化。

6.1.3　面向对象开发方法

面向对象开发方法的基本出发点是尽可能按照人类认识世界的方法和思维方式来分析和解决问题。客观世界是由许多具体的事物、事件、概念和规则等组成的,这些均可视作对象,而每一个对象都有特定的属性和行为。面向对象方法以对象作为最基本的元素来分析问题、解决问题。

用面向对象方法开发软件的过程如下:首先,分析用户需求,从实际问题中抽取对象模型;其次,将模型细化,设计对象类,包括类的属性和类之间的相互关系,同时考虑是否有可以直接引用的已有的类或部件;再次,选定一种面向对象的编程语言,编码实现类的设计;最后,进行测试,实现整个软件系统的设计。

在面向对象开发方法中,对象和类是最重要的概念。

对象是面向对象开发方法中最基本的概念。它是系统中用来描述客观事物的一个实体,是构成系统的一个基本单位。对象可以用来表示客观世界中的任何实体,应用领域内与所要解决问题有关联的任何事物都可以作为对象。对象既可以是物理实体的抽象,也可以是人们定义的概念,以及任何有明确边界和意义的事物。例如,一个人、一本书、读者的一次借阅记录、学生的一次选课、一个窗口等,都可以作为一个对象。总之,对象是对问题域中某个实体的抽象,创建一个对象就反映出软件系统保存了相关信息并具有与之进行交互的能力。

面向对象开发方法中的对象是由描述对象属性的数据以及可以施加于这些数据之上的所有操作封装起来的整体。属性是对象的静态特征,只能通过执行对象的操作来改变。对象的操作也称方法或服务,表示对象的动态行为。对象之间通过消息进行通信。

类是指具有相同属性和相同行为的对象集合。类是对象的抽象,而一个对象是它所对应类的一个实例。

例如,一个面向对象的图形程序在屏幕左下角显示一个半径为 3cm 的红色圆,在屏幕中部显示一个半径为 4cm 的绿色圆,在屏幕右上角显示一个半径为 1cm 的黄色圆。这 3 个圆心位置、半径和颜色均不相同的圆,是 3 个不同的对象。但是,它们都有相同的属性(圆心坐标、半径、颜色)和相同的行为(显示自己、放大/缩小半径、在屏幕上移动位置等)。因此,它们是同一类事物——圆类。

面向对象开发方法包括面向对象分析、面向对象设计和面向对象编程 3 个部分。

1. 面向对象分析

面向对象分析就是抽取和整理用户需求并建立问题域精确模型的过程。在这个阶段,通过进行需求分析,识别出问题域内的类与对象,并分析它们相互之间的关系,最终建立问题域简洁、精确、可理解的 3 种模型，即对象模型、动态模型和功能模型。

2. 面向对象设计

面向对象设计是把分析阶段生成的对象模型转换成面向对象的类的描述，包括类的属性的详细描述、类的行为操作和类间相互关系的准确表达等。面向对象设计分为系统设计和对象设计。系统设计确定实现系统的策略和目标系统的高层结构；对象设计确定求解空间中的类、关联、接口形式及实现服务的算法。

3. 面向对象编程

面向对象编程就是选择一种合适的面向对象编程语言，如 C++、Java 等，把面向对象设计结果翻译成用某种程序语言书写的面向对象程序，然后对其进行测试，最终实现可运行的应用软件系统。

6.1.4　软件测试与维护

1. 软件测试

（1）软件测试的目的

关于软件测试的目的，格伦福德·麦尔斯（Grenford Myers）在《软件测试艺术》一书中给出了如下深刻的阐述。

① 软件测试是为了发现错误而执行程序的过程。

② 一个好的测试用例是指很可能找到迄今为止尚未发现的错误的用例。

③ 一个成功的测试是发现了至今尚未发现的错误的测试。

格伦福德·麦尔斯的观点告诉人们，测试要以查找错误为中心，而不是为了演示软件的功能。

（2）软件测试方法

软件测试方法研究如何以最少的测试用例集来测试出程序中最多的潜在错误。软件测试方法可按其测试过程是否在实际应用环境中，即是否需要实际执行被测试软件，分为静态测试与动态测试两种。

① 静态测试。静态测试并不实际运行软件，主要是通过人工进行的。静态测试包括代码检查、静态结构分析、代码质量度量等。静态测试可手动进行，也可借助软件工具自动进行。

② 动态测试。动态测试是基于计算机的测试，是为了发现错误而执行程序的过程，即根据软件开发各阶段的规格说明和程序的内部结构而精心设计的一批测试用例，并利用这些测试用例去运行程序，以发现程序错误的过程。

动态测试又分为白盒测试和黑盒测试。

a. 白盒测试也称结构测试或逻辑驱动测试。它根据软件产品的内部工作过程，检查内部成分，以确认每种内部操作是否符合设计规格要求。它把测试对象看作一个打开的盒子，允许测试人员利用程序内部的逻辑结构及有关信息来设计或选择测试用例。它对程序所有的逻辑路径进行测试，通过在不同点检查程序的状态来了解实际的运行状态是否与预期的结果一致。因此，白盒测试是在程序内部进行的，主要用于完成软件内部操作的验证。

b. 黑盒测试也称功能测试或数据驱动测试。它对软件已经实现的功能是否满足需求进行测试和验证。黑盒测试完全不考虑程序内部的逻辑结构和内部特性，只依据程序的需求和功能规格说明，检查程序的功能是否符合它的需求和功能规格说明。因此，黑盒测试在软件接口处进行功能验证。黑盒测试只检查程序功能是否能够按照需求规格说明书的规定正常使用，以及程序是否能适当地接收输入数据从而产生正确的输出信息，并且保持外部信息（如数据库或文件）的完整性。

（3）软件测试的步骤

软件测试过程一般按 4 个步骤进行，即单元测试、集成测试、确认测试（验收测试）和系统测试。通过这些步骤的实施来验证软件是否合格，能否交付用户使用。

① 单元测试。单元测试是对软件设计的各模块进行正确性检验的测试。单元测试的目的是发现各模块内部可能存在的各种错误，保证每个模块都能作为一个单元正确运行。

② 集成测试。集成测试是测试和组装软件的过程。它在把模块按照设计要求组装起来的同时进行测试，主要目的是发现与接口有关的错误。

③ 确认测试。确认测试的任务是验证软件的功能和性能是否满足需求规格说明书中确定的各种需求，以及软件配置是否完全正确。

④ 系统测试。系统测试是将通过确认测试的软件，作为基于整个计算机系统的元素之一，与计算机硬件、外部设备、支持软件、数据和人员等其他系统元素组合在一起，在实际运行环境下对计算机系统进行一系列的集成测试和确认测试。

2. 软件维护

软件维护是指在软件产品安装、运行并交付给用户使用后，在新版本产品升级之前的这段时间里由软件厂商向用户提供的服务工作。

软件维护是软件交付之后的一项重要日常工作，软件项目或产品的质量越高，其维护的工作量就越小。随着软件开发技术、软件管理技术和软件支持工具等的发展，软件维护中的许多观念正在发生变化，维护的工作量也在逐步减少。

传统软件维护活动根据起因分为纠错性维护、适应性维护、完善性维护、预防性维护等。

（1）纠错性维护

产品或项目中存在缺陷或错误，在测试和验收时未被发现，而在使用过程中逐渐暴露出来，然后维护人员将其改正，这类维护就称为纠错性维护。

（2）适应性维护

适应性维护是指为了使产品或项目适应变化的硬件、系统软件的运行环境，而修改软件的活动。

（3）完善性维护

完善性维护是指为了给软件系统增加一些新功能，使产品或项目的功能更加完善与合理而进行的维护活动，这类维护占维护活动的大部分。

（4）预防性维护

预防性维护是指为了提高产品或项目的可靠性和可维护性，有利于系统进一步改造或升级换代而进行的维护活动。

6.1.5　软件开发过程模型

软件开发过程模型反映的是从软件需求定义到软件交付使用后报废为止，整个生命周期中的系统定义、开发、运行、维护所实施的全部策略。常用的软件开发过程模型主要有瀑布模型、原型模型、螺旋模型、增量模型、喷泉模型等。下面主要介绍瀑布模型和原型模型。

（1）瀑布模型

瀑布模型遵循软件生命周期的划分，各个阶段工作顺序开展，如同瀑布一般，如图 6-4 所示。瀑布模型将软件生命周期划分为问题定义、可行性研究、需求分析、系统设计、编码、测试、运行与维护等若干阶段。前一阶段的工作完成后，后一阶段的工作才能开始，前一阶段产生的文档是后一阶段工作的依据。瀑布模型适合在软件需求比较明确、开发技术比较成熟的场景下使用。

（2）原型模型

按瀑布模型开发软件，只有当系统分析员做出准确的需求分析时，才能够得到预期的结果。但由于系统分析员和用户在专业上的差异，在计划时期定义的用户需求，常常出现不完全和不准确的情况，原型模型正是为解决上述问题而提出的。其具体过程如下：首先建立一个能反映用户主要需求的原型，使用户通过使用这个原型提出对原型的修改意见；然后根据用户意见对原型进行改进，如此反复多次；最后建立起符合用户需求的新系统，如图 6-5 所示。这种原型相当于工业产品的样机。它的特点是开发快速，而且用户与分析员之间的交互从抽象变为具体，避免了许多由于理解的不同而造成的需求分析错误。

图 6-4　瀑布模型　　　　图 6-5　原型模型

随着面向对象技术的逐步成熟，人们还提出了面向对象的软件生存周期模型。需要指出的是，在实际的软件开发过程中，必须针对具体情况，采用适当的软件开发过程模型，有时需要将不同的开发过程模型结合起来使用。例如，采用瀑布模型时，可以选择部分子系统采用原型模型；而在采用面向对象开发模型时，也可以与传统的开发模型结合在一起使用。

6.2 程序设计基础

计算机系统由硬件系统和软件系统构成，二者协同工作。软件能够针对人们的各种需求提供灵活的解决方案。当人们使用计算机完成某项任务时，有时可以利用已有的软件完成，有时则需要根据特定需求自己编写程序完成。

因此，人们不仅要学会使用现成的软件，也应该掌握计算机程序设计的基础知识。本节介绍程序设计的基本概念、基本思想和方法。

6.2.1 程序和程序设计语言

1. 程序

程序（Program）是为了让计算机解决某一问题而编写的一系列指令的集合。例如，若要计算圆的面积，则可用 C 语言编写出如下程序代码。

```c
#include<stdio.h>
void main()
{
 float r, s ;
 scanf("%f", &r) ;
 s=3.14*r*r ;
 printf("s=%f\n", s) ;
}
```

程序设计（Programming）就是编写程序的过程。

2. 程序设计语言的发展

程序设计语言（Program Design Language）是用于描述计算机所执行操作的语言。从第一台计算机问世以来，计算机硬件技术获得了飞速发展，与此相适应，作为软件开发工具的程序设计语言经历了机器语言、汇编语言、高级语言、第四代语言（Fourth Generation Language，4GL）等阶段的发展变化。

（1）机器语言

机器语言是采用计算机指令格式并以二进制编码表达各种操作的语言。计算机能够直接理解和执行机器语言程序。例如，计算 A=5+11 的机器语言程序如下：

```
10110000    00000101    //把5放入累加器A中
00101100    00001011    //11与累加器A中的值相加，结果仍放入A中
11110100                //结束，停机
```

机器语言的特点是能够被计算机直接识别，执行速度快，占用存储空间小，但难读、难记，编程难度大，调试修改十分烦琐，而且，不同型号的计算机具有不同的机器指令系统。

（2）汇编语言

汇编语言是一种符号语言，它用助记符来表达指令功能。汇编语言比机器语言更容易理解，而且书写和检查也方便得多。但汇编语言程序通用性差，必须翻译成机器语言程序，才能由机器执行。

例如，计算 A=5+11 的汇编语言程序如下：

```
MOV  A , 5       // 把5放入累加器A中
ADD  A , 11      // 11与累加器A中的值相加，结果仍放入A中
HLT              // 结束，停机
```

汇编语言程序较机器语言程序易读、易写，并保持了机器语言执行速度快、占用存储空间小的优点。但汇编语言的语句功能比较简单，程序的编写仍然比较复杂，而且程序难以移植。因为汇编语言和机器语言都是面向机器的语言，都是为特定的计算机系统而设计的。因此，汇编语言程序不能被计算机直接识别和执行，需要使用一种起翻译作用的程序（汇编程序），将其翻译成机器语言程序（目标程序）后，计算机方可执行，这一翻译过程称为汇编。

机器语言和汇编语言统称为低级语言。

（3）高级语言

高级语言是面向问题的语言，独立于具体的机器之外（它不依赖机器的具体指令形式），比较接近人类的自然语言。因为高级语言是与计算机结构无关的程序设计语言，它具有更强的表达能力，因此，可以方便地表示数据的运算和程序控制结构，能更有效地描述各种算法，用户也更容易掌握。

例如，计算 A＝5+11 的 BASIC 程序如下：

```
A=5+11        //5与11相加的结果放入存储单元A中
PRINT  A      //输出存储单元A中的值
END           //程序结束
```

用高级语言编写的程序（源程序）也不能被计算机直接识别和执行，需要经过翻译程序翻译成机器语言程序才能执行，高级语言的翻译程序有编译程序和解释程序。编译程序使用相应语言的编译程序将源程序翻译成目标程序，最终生成可执行程序在机器上执行；解释程序是用相应语言的解释程序对源程序解释一句执行一句，直至执行完整个程序。

高级语言可分为两类：面向过程的语言，如 BASIC、Pascal、C 等；面向对象的语言，如 C++、Java 等。

（4）4GL

4GL 是非过程化语言。这类语言的特点是编码效率高，一条语句一般可被编译成 30～50 条机器代码指令，适用于管理信息系统的开发，编写的程序更容易理解和维护。例如，数据库查询语言（SQL）就是非过程化语言，当用户需要检索一批数据时，只需通过 SQL 指定查询的范围、内容和查询的条件，系统会自动生成具体的查询过程，并一步一步地执行查找操作，最后输出查询结果。

从高级语言到 4GL 的发展，反映了人们对程序设计由浅入深的认识过程。高级语言的程序设计要详细描述问题的求解过程，告诉计算机每一步应该怎样做。而 4GL 的程序设计，直接面向各类应用系统，只需说明做什么。

3. 常用的程序设计语言

目前，程序设计语言有很多种，但其中只有少部分得到了比较广泛的应用，下面介绍 5 种常用的程序设计语言。

（1）C 语言和 C++语言

C 语言是 20 世纪 70 年代初由美国贝尔实验室的丹尼斯·里奇（Dennis Ritchie）在 B 语言基础上开发出来的。C 语言功能丰富、使用灵活、简洁明了，编译产生的代码短，执行速度快，可移植性强。C 语言最重要的特色是虽然在形式上属于高级语言，但却具有与机器硬件沟通的底层处理能力，能够很方便地实现汇编级的操作，目标程序效率较高。它既可以用于开发系统软件，也可用于开发应用软件。由于 C 语言的诸多优点，其迅速成为最广泛使用的程序设计语言之一。

1980 年，贝尔实验室的本贾尼·斯特芬斯特卢普（Bjarne Stroustrup）对 C 语言进行了扩充，加入了面向对象的概念，对程序设计思想和方法进行了彻底的革命，并于 1983 年将其更名为 C++语言。由于 C++语言兼容 C 语言，因此，它成为应用最广的面向对象程序设计语言。目前主要的 C++语言开发工具有 Visual C++等。

（2）Java 语言

Java 语言是在 1995 年由 Sun 公司开发的面向对象的程序设计语言，主要用于网络应用开发。Java 语言的语法类似 C++语言，但简化或删去了 C++语言中的一些容易被误用的功能，如指针等，使程序更严谨、可靠、易懂。它适用于 Internet 环境并具有较强的交互性和实时性，还提供了对网络应用的支持和对多媒体内容的存取。Java 语言的跨平台性使其应用迅速推广，而 Sun 公司的 J2EE 平台的发布，促进了 Java 语言在各个领域的应用。

（3）标记语言和脚本语言

在网络时代，若要制作 Web 页面，则需要使用标记语言和脚本语言。标记语言是一种用于描述文本及文本结构和外观细节的文本编码；脚本语言则以脚本的形式定义一项任务，以此控制操作环境。

在网络应用软件开发中，标记语言用于描述网页中各种媒体的显示形式和链接；脚本语言则用于增强 Web 页面设计人员的设计能力，扩展网页应用的功能。

① 标记语言。超文本标记语言（Hypertext Markup Language，HTML）是网页内容的描述语言。HTML 是格式化语言，它确定 Web 页面中文本、图形、表格和其他一些信息的静态显示方式，它能将各处的信息链接起来，使生成的文档成为超文本文档。以 HTML 编写的代码是纯文本的 ASCII 文档，当使用浏览器进行查看时，这些代码能产生相应的多媒体、超文本的 Web 页面。

可扩展标记语言（Extensible Markup Language，XML）定义了一套定义语义标记的规则，这些标记将文档分成许多部件并对部件加以标记。XML 是对 HTML 的扩展，主要是为了弥补 HTML 只能显示静态的信息、使用固定的标记、无法反映数据的真实物理意义等缺陷。

② 脚本语言。脚本语言实质上是大型机和微型机批处理语言的分支，它将单个命令组合在一起，形成程序清单，以此来控制操作环境，扩展应用程序的性能。脚本语言不能独立运行，需要依附于一个主机应用程序中来运行。JavaScript 是专用于 Web 的脚本语言，主要解决 Web 的动态交互问题。脚本语言分为客户端和服务器端两个不同版本，客户端版本用于实现改变 Web 页面外观的功能，服务器端版本用于实现输入验证、表单处理、数据库查询等功能。

6.2.2　程序设计步骤与风格

1. 程序设计步骤

程序设计就是使用某种程序设计语言编写程序代码来驱动计算机完成特定功能的过程。

程序设计的基本步骤一般包括分析问题、确定解决方案、设计算法、编写程序、调试运行程序和编写文档等，如图 6-6 所示。

图 6-6　程序设计的基本步骤

程序设计步骤说明如下。

（1）分析问题：确定要解决的问题，对任务进行调查分析，明确要实现的功能。

（2）确定解决方案：对要解决的问题进行分析，找出它们的运算和变化规律，建立数学模型。当一个问题有多个解决方案时，选择适合用计算机解决问题的最佳方案。

（3）设计算法：依据解决问题的方案确定数据结构和算法，绘制流程图。

（4）编写程序：依据流程图描述的算法，选择一种合适的计算机语言编写程序。

（5）调试运行程序：通过反复执行所编写的程序，找出程序中的错误，直到程序的执行效果达到预期的目标。

（6）编写文档：将解决问题的整个过程的有关资料进行整理，编写程序使用说明书。

2. 程序设计风格

除了优秀的程序设计方法和技术外，良好的程序设计风格也是十分重要的。程序设计风格指程序员在编写程序时所表现出来的特点、习惯和逻辑思路等。在程序设计中，应使程序结构合理、清晰，且便于后续的程序调试和维护，这就要求程序员要养成良好的编程习惯，使编写的程序清晰、易懂。因此，"清晰第一，效率第二"已经成为当今程序设计风格的主流观点。

若要形成良好的程序设计风格，则应遵循以下四大原则。

（1）源程序文档化原则

① 标识符的命名应具有一定的实际含义，即按意取名。

② 程序应添加注释。注释是程序员与读者进行交流的媒介，可用自然语言或伪代码描述。注释用于说明程序的功能，可为读者理解程序提供明确的指导。注释分为序言性注释和功能性注释。序言性注释通常置于程序的起始部分，对程序进行整体说明；功能性注释嵌入源程序内部，说明程序段或语句的功能及数据的状态。

（2）数据说明原则

为了使数据定义更易于理解和维护，应注意如下内容。

① 数据说明的顺序要规范，使数据的属性更易于查找，从而有利于测试、纠错与维护。

② 用一个语句说明多个变量时，各变量名按字典序排列。

③ 对于复杂的数据结构，应添加注释进行说明。

（3）语句构造原则

语句构造的原则是简单、直接，不能为了追求效率而使代码复杂化。为了便于阅读和理解，不要在同一行编写多个语句；不同层次的语句应采用缩进形式，使程序的逻辑结构和功能特征更加清晰；要避免复杂的判定条件，避免多重循环嵌套；在表达式中使用括号以提高运算次序的清晰度等。

（4）输入输出原则

在编写输入和输出程序时考虑以下原则。

① 输入操作步骤和输入格式应尽量简单。

② 应检查输入数据的合法性、有效性，报告必要的输入状态信息及错误信息。

③ 输入一批数据时，使用数据或文件结束标志，而不要使用计数来控制。

④ 进行交互式输入时，提供可用的选择和边界值。

⑤ 当程序设计语言有严格的格式要求时，应保持输入格式的一致性。

⑥ 将输出数据表格化、图形化。

输入输出风格还受其他因素的影响，如输入输出设备，用户经验及通信环境等。

6.2.3 结构化程序设计

目前，程序设计方法主要有两大类，一类是面向过程的结构化程序设计方法，另一类是面向对象的程序设计方法。结构化程序设计方法体现了抽象思维和复杂问题求解的基本原则，面向对象的程序

设计方法则深刻反映了客观世界由对象组成这一本质特点。这两种程序设计方法的区别在于对问题进行分解的出发点和思维模式不同。

1. 结构化程序设计的原则

结构化程序设计方法是 20 世纪 60 年代由荷兰学者艾兹格·迪科斯彻（Edsger Dijkstra）提出的，该方法通过了实践的检验，同时在实践中不断地发展和完善，逐渐成为软件开发的重要方法。结构化程序设计强调程序设计风格和程序结构的规范化，提倡清晰的结构。结构化程序设计方法的基本思路是：把一个复杂问题的求解过程分阶段进行，每个阶段处理的问题都控制在人们容易理解和处理的范围内。

结构化程序设计的基本原则是：在程序设计和实现过程中，采用自顶向下、逐步细化的模块化程序设计原则。限制使用 goto 语句，强调采用单入口、单出口的 3 种基本控制结构（顺序结构、选择结构和循环结构）。

2. 结构化程序设计的基本结构

1966 年，伯姆（Bohm）和雅科皮尼（Jacopini）证明了只用 3 种基本的控制结构就能实现任何单入口、单出口的程序。这 3 种基本的控制结构是顺序结构、选择结构和循环结构。

（1）顺序结构是按照程序语句行的自然顺序，一条语句一条语句地按顺序执行程序，其流程图如图 6-7 所示。其程序的执行过程为先执行语句 A，再执行语句 B，最后执行语句 C。

（2）选择结构又称为分支结构，它根据设定的条件，判断应该选择哪一条分支来执行相应的语句序列，其流程图如图 6-8 所示。该结构程序的执行过程为先计算条件表达式 P 的值，如果结果为真（T），则执行语句（语句序列）A；否则（条件表达式的值为 F），执行语句（语句序列）B。

（3）循环结构又称为重复结构，它根据给定的条件，判断是否需要重复执行某一相同的或类似的程序段，其流程图如图 6-9 所示。程序的执行过程如下。

① 计算条件表达式 P 的值。

② 如果结果为真（T），则执行语句 A；否则转到步骤④。

③ 回到步骤①。

④ 结束循环，执行循环后面的语句。

图 6-7　顺序结构　　　图 6-8　选择结构　　　图 6-9　循环结构

3. 结构化程序设计的应用

结构化程序设计采用自顶向下、逐步细化的方法，先从全局出发，把一个复杂问题分解成若干相对独立的子问题，再将每个子问题逐步细化为一系列具体的处理步骤，每个处理步骤可以使用 3 种基本控制结构来描述。

【例6.1】 求两个数中的最大值的问题。

（1）将算法分解成 3 步。

① 输入两个数 a、b。

② 从 a、b 中找出最大数并将其赋给 max。

③ 输出 max。

（2）将步骤（1）中的算法细化为如下步骤。

① 先定义 3 个变量 a、b，并确定其类型，如整型（int），然后调用输入函数 scanf() 对变量 a、b 进行赋值。

② 求 a、b 中的最大值，并将其赋给 max。

③ 调用输出函数 printf()，输出最大值 max。

（3）再细化步骤（2）的②中的求两数最大值的方法：如果 $a>b$，则 a 为最大值；否则，b 为最大值。用控制结构描述的流程图如图 6-10 所示。

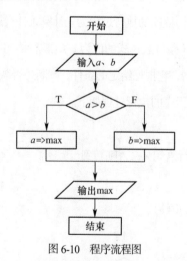

图 6-10 程序流程图

（4）将细化的算法翻译成高级语言程序。下面是上述算法的 C 语言程序。

```
#include<stdio.h>
void main()
{ int a , b , max ;                          //定义两个整型变量和保存最大值的变量 max
    printf ( " Input two numbers a , b :\n " ) ;
    scanf ( " %d %d " , &a , &b ) ;          //输入两个数
```

```
    if(a>b)  max=a ;                                //将 a 与 b 中的较大者赋给 max
    else  max=b ;
    printf ( " The max number is: " , max ) ;       //输出最大值
}
```

结构化设计方法有助于程序设计者把握问题的全局,分阶段逐步深入细化,使每个阶段的问题变得更容易理解和处理。

6.2.4　面向对象程序设计

结构化设计方法曾经给计算机软件业带来巨大进步,成功地缓解了部分软件危机,使用结构化设计方法开发的许多中小规模软件项目都取得了极大的成功。但是,随着计算机技术应用的深入和全面发展,结构化程序设计方法的缺点也逐渐暴露出来。例如:数据与对数据的操作分离,不符合人们对现实世界的认知规律;基于模块的设计方法,导致软件修改困难;自顶向下的设计方法,限制了软件的重用性,降低了开发效率,也导致开发的产品难以维护。因此,人们逐渐开始重视面向对象程序设计方法。

面向对象程序设计方法把数据和对数据的操作视作一个相互依赖、不可分割的整体——对象。对同类型的对象抽象出其共性,形成类。类中的大多数数据,只能用本类的方法进行处理。类通过简单的外部接口与外界发生关系,对象与对象通过消息进行通信。

1.　面向对象程序设计的基本概念

（1）对象

面向对象程序设计中的对象（Object）是系统中用来描述客观事物的一个实体,对象都由一组属性和一组行为构成。属性是用来描述对象静态特征的数据项;行为是用来描述对象动态特征的操作序列,用对象中的代码来实现,也称为对象的方法。

例如,有一个人名叫张三,性别是男性,身高 1.7m,体重 68kg,肤色是黄色,可以编程、讲授计算机专业课,下面来描述这个对象。

① 对象的属性:姓名——张三,性别——男性,身高——1.7m,体重——68kg,肤色——黄色。

② 对象的行为:回答自己的名字、性别、身高、体重和肤色,还可编程、讲授计算机专业课。

（2）类

面向对象程序设计中的类（Class）是具有相同属性和行为的一组对象的集合。它为属于该类的全部对象提供了抽象的描述。类与对象的关系就如同模具与铸件,一个属于某类的对象称为该类的一个实例。

（3）消息

一个系统由若干个对象组成,各个对象通过消息（Message）相互联系、相互作用。消息就是对象

之间联系的纽带，用于通知、命令或请求对象执行某个处理或回答某些信息。例如，教师发出指令，即消息，要求学生提交实验报告，学生接收该消息后，就会按规定的方式提交实验报告。教师和学生通过消息通信完成对消息发送和接收处理的工作。

（4）封装

封装（Encapsulation）就是把对象的属性和方法结合成一个独立的系统单位，并尽可能地隐蔽对象的内部细节，不允许外界直接存取对象的属性，只能通过有限的接口与对象发生联系。

（5）继承

继承（Inheritance）是面向对象方法中一个十分重要的概念，特殊类的对象拥有其一般类的全部属性与方法，称为特殊类对一般类的继承。例如，在父子关系中，儿子自动地继承父亲的基因，因此具有其父亲的一些基本特征和行为能力，也可能通过学习产生其父亲不具有的一些新的特征和行为能力。

如果把用面向对象方法开发的类作为可重用构件提交到构件库，那么在开发新系统时不仅可以直接地重用这个类，还可以把它作为一般类，通过继承实现重用，从而大大扩展重用范围。这样可以加快软件的开发速度，增强软件的稳定性和可重用性。

（6）面向对象

爱德华·尤登为面向对象（Object-Oriented）下了一个定义：面向对象=对象+类+继承+通信。一个面向对象程序的每一个组成部分都是对象，计算是通过建立对象和对象之间的通信来执行的。

（7）多态性

对象的多态性（Polymorphism）是指在一般类中定义的属性或方法被特殊类继承之后，可以具有不同的数据类型或表现出不同的行为。这就使同一个属性或方法在一般类及其各个特殊类中具有不同的语义。

例如，在一般类"几何图形"中定义了一个方法"绘图"，但并不确定执行时到底要绘制一个什么图形。特殊类"椭圆"和"矩形"都继承了"几何图形"类的"绘图"方法，但其功能不同：一个绘制出一个椭圆，另一个绘制出一个矩形。

2. 面向对象程序设计方法

面向对象程序设计是一种支持模块化设计和软件重用的实际可行的编程方法。它把程序设计的主要活动集中在建立对象与对象之间的联系（通信）上，从而完成所需的计算。一个面向对象的程序就是相互联系的对象集合。由于现实世界可以抽象为对象和对象联系的集合，因此，面向对象的程序设计方法是一种更接近现实世界的、更自然的程序设计方法。

使用面向对象程序设计方法开发软件的具体过程如下。

（1）分析现实世界的问题领域。

（2）以对象来模拟问题域中的实体，以对象之间的联系来描述实体之间的联系，由此构造问题领域的对象模型。

（3）编写程序，建立类数据类型（属性、方法）。

（4）用类声明对象，通过对象间的消息传递完成指定的功能。

通过上述步骤就可以构造出面向对象的软件系统。

由于面向对象的软件系统是根据问题域中的模型而不是根据系统应完成功能的分解而建立起来的，因此，当系统的功能需求有所变化时，往往只需进行一些局部性的修改，无须对软件的整体结构进行更改。

6.3　算法与数据结构

计算机科学研究的重点是计算机中的信息表示和问题处理。从程序设计的角度来看，信息在计算机中的表示就是数据结构研究的问题；信息在计算机中的处理就是算法研究的问题。学习算法和数据结构的基础知识是了解计算机基本工作原理、掌握程序设计基本技术的必经之路。本节介绍算法与数据结构的基本概念，以及常用的数据结构。

6.3.1　算法

1. 算法的概念

算法是对特定问题求解步骤的一种描述。或者说，算法是为求解某问题而设计的步骤序列。求解同样的问题，不同的人写出的算法一般是不同的（一题多解）。

算法是通过程序最终实现的。对于一个实际问题，可通过一个计算机程序，在有限的存储空间中运行有限的时间后得到正确的结果。

但算法并不等价于程序。程序可以作为算法的一种描述，即通过使用一些编程语言来描述算法。对于同一个算法，如果采用不同的编程语言，则能够编写出不同的程序，并且程序中一般还要考虑一些与算法无关的问题，如在编写程序时要考虑计算机系统运行环境的限制等。因此，算法不等于程序，程序的编写也不能优于算法的设计。

算法设计完成之后，若要检查其正确性和完整性，则需根据算法使用某种高级语言编写出相应的程序。程序设计的关键在于设计出一个好的算法。因此，算法是程序设计的核心。算法的执行效率与数据结构的优劣有很大的关系。下面给出算法应该具有的 5 个基本特征。

（1）有穷性：一个算法必须在执行有限个操作步骤后终止。

（2）确定性：算法中每一步操作的内容和顺序必须含义确切，不能有二义性。

（3）有效性：算法中每一步操作都应该能被有效地执行，一个不可执行的操作是无效的。例如，一个数被 0 除的操作是无效的，应当避免这种操作。

（4）输入：一个算法有 0 个或多个输入。这些输入数据应在算法操作前提供。

（5）输出：一个算法有一个或多个输出。算法的目的是解决给定的问题，因此，它应提供输出结果，否则算法没有实际意义。

算法可以用自然语言、计算机语言、流程图或专门为描述算法而设计的语言描述。在计算机上运行的算法，要用计算机语言进行描述。

2. 算法的基本要素

算法一般有两个基本要素。

（1）对数据对象的运算和操作

算法中基本的运算和操作包括算术运算、关系运算、逻辑运算和数据传输。

（2）算法的控制结构

算法的控制结构是指算法中各个操作之间的先后执行次序，一个算法的执行次序可以使用顺序、选择和循环 3 种基本结构进行组合。

3. 算法设计的基本方法

计算机算法不同于人工处理的方法。下面介绍 4 种常用的算法设计方法。

（1）列举法

列举法的基本思想是：根据提出的问题，列举所有可能的情况，并用问题中给定的条件检验哪些是需要的，哪些是不需要的。常用于解决"是否存在"或"有多少种可能"等类型的问题。列举法的特点是比较简单，但当列举的可能情况较多时，执行该算法的工作量会很大。

（2）归纳法

归纳法的基本思想是：通过列举少量的情况，经过分析，找出一般关系。归纳法解决了列举法列举量无限时的问题，更能反映问题的本质。

由于归纳过程中不可能对所有的情况进行列举，最后由归纳得到的结论只是分析的结果（只是一种猜测），因此要对归纳的结果进行必要的验证。

（3）递推法

递推法是指从已知初始条件出发，逐次推导出所要求得的各个中间结果和最后结果。递推法在本质上也属于归纳法。递推法在数值计算中非常常见。

（4）递归法

递归法是一种很重要的算法设计方法。递归法的基本思想是：针对一个复杂的问题，为了降低问题的复杂度，可将问题逐层分解，最后分解成为一些简单的问题，当解决了这些简单的问题后，再沿着原来分解的逆过程逐步进行综合即可。

递归法分为直接递归和间接递归两种。

4. 算法的复杂度

评价一个算法优劣的主要标准是算法的执行效率与存储需求。算法的执行效率指的是时间复杂度，存储需求指的是空间复杂度。

（1）算法的时间复杂度

算法的时间复杂度是指执行算法所需要的计算工作量。由于同一个算法在采用不同的语言、不同的编译程序，以及在不同的计算机上运行时的效率都不同，所以不能使用绝对时间单位来衡量算法效率。算法的工作量应使用算法在执行过程中的基本运算执行次数来度量。

算法执行的基本运算次数与问题的规模有关。例如，两个 30 阶矩阵相乘的基本运算次数一定大于两个 5 阶矩阵相乘的基本运算次数。

算法的时间复杂度通常记为：$T(n)=O(f(n))$。

其中，n 为问题的规模，$f(n)$ 表示算法中基本运算执行的次数，是关于问题规模 n 的某个函数。$f(n)$ 和 $T(n)$ 是同数量级的函数，大写字母 O 表示 $f(n)$ 与 $T(n)$ 只相差一个常数倍。

算法的时间复杂度用数量级的形式表示后，一般可简化为分析循环体内基本操作的执行次数。

【例 6.2】 求下列 3 个简单的程序段的时间复杂度。

① x=x+1；

② for (i=1；i<=n；i++)
　　　　x=x+1；

③ for (i=1；i<=n；i++)
　　　　for(j=1；j<=n；j++)
　　　　　x=x+1；

基本操作 "x=x+1；" 语句在这 3 个程序段的执行次数分别为 1、n、n^2，则这 3 个程序段的时间复杂度分别为 $O(1)$、$O(n)$ 和 $O(n^2)$。

在同一个问题规模下，如果算法执行所需的基本运算次数取决于某一特定输入时，则可以用以下两种方法来分析算法的工作量。

① 平均性态分析：指用各种特定输入下的基本运算次数的加权平均值来衡量算法的工作量。

② 最坏情况分析：指在规模为 n 时，算法所执行的基本运算的最大次数。

（2）算法的空间复杂度

一个算法的空间复杂度是算法所需的存储空间的量度，包括算法程序所占的存储空间、输入的初始数据所占的存储空间及算法执行过程中需要的额外存储空间。

算法的空间复杂度表示为：$S(n)=O(f(n))$

其中，n 为问题的规模，空间复杂度也是关于问题规模 n 的函数。

6.3.2 数据结构的基本概念

1. 有关数据的概念

（1）数据

数据是描述客观事物的所有能输入计算机中并被计算机程序处理的符号的集合。例如，数值、字符、声音、图像等都是数据。数据是信息的载体，是对客观事物的描述。

（2）数据元素

数据元素是数据的基本单位，在计算机中通常作为一个整体进行考虑和处理。每个数据元素由若干个数据项组成，其中能唯一标识一个数据元素的数据项，称为关键码项，该数据项的值称为关键码（Key）。在某些情况下，数据元素也称为元素、节点、顶点或记录。数据项是具有独立含义的最小标识单位。表 6-1 所示为学生成绩表。表中的每一行是一个数据元素，它由学号、姓名、各科成绩及平均成绩等数据项组成，其中，学号是关键码项。

表 6-1　学生成绩表

学号	姓名	数学分析	普通物理	高等数学	平均成绩
880001	丁一	90	85	95	90
880002	马二	80	85	90	85
880003	张三	95	91	99	95
880004	李四	70	84	86	80
880005	王五	91	84	92	89

（3）数据类型

数据类型是具有相同性质的计算机数据的集合及在这个数据集合上的一组操作。如整数，它是 [−maxint , maxint] 区间上的整数（maxint 是依赖于所使用的计算机及语言的最大整数），在这个整数集上可以进行加、减、乘、整除、求余等操作。

2. 数据结构

（1）数据结构的定义

数据结构是相互存在一种或多种特定关系的数据元素的集合。它一般包括以下 3 个方面的内容。

① 数据元素之间的逻辑关系，称为数据的逻辑结构。

② 数据元素及其关系在计算机存储器内的表示，称为数据的存储结构。

③ 数据的运算，即对数据施加的操作。

数据的逻辑结构从逻辑关系上描述数据，它与数据的存储无关，是独立于计算机的，因此，数据的逻辑结构可以看作是从具体问题抽象出来的数学模型；数据的存储结构是数据逻辑结构在计算机中

the表示（又称为映像），它是依赖于计算机语言的；数据的运算是定义在数据的逻辑结构上的，每种逻辑结构都有一个运算的集合。只有确定了存储结构之后，才需要考虑如何具体实现这些运算。

（2）数据的逻辑结构

数据的逻辑结构只抽象地反映数据元素之间的结构，而不管其存储方式的结构。

数据的逻辑结构包括数据元素的信息和数据元素之间的前后关系。其中，数据元素之间的前后关系用前驱（或直接前驱）和后继（或直接后继）描述。

根据数据元素之间关系的不同特性，数据的逻辑结构通常可分为如下 4 类基本结构。

① 集合：结构中的数据元素之间除了"同属于一个集合"的关系外，无其他关系。

② 线性结构：结构中的数据元素之间存在"一对一"的相邻关系。

③ 树形结构：结构中的数据元素之间存在"一对多"的层次关系。

④ 图形结构：结构中的数据元素之间存在"多对多"的任意关系。

图 6-11 所示为上述 4 种基本数据结构。一般将树形结构和图形结构称为非线性结构。

集合　　　　线性结构　　　　树形结构　　　　图形结构

图 6-11　4 种基本数据结构

（3）数据的存储结构

数据的存储结构也称为数据的物理结构，它是数据的逻辑结构在存储器中的实现。

数据的存储可采用顺序存储方法或链接存储方法。

① 顺序存储方法：把逻辑上相邻的数据元素存储在物理位置上相邻的存储单元里，元素间的逻辑关系由存储单元的邻接关系体现。由此得到的存储表示称为顺序存储结构。顺序存储方法主要应用于线性的数据结构，如线性表、数组等。非线性的数据结构也可以通过某种线性化的方法来实现顺序存储。

② 链接存储方法：不要求逻辑上相邻的元素在其物理位置上也相邻，元素间的逻辑关系是由附加的指针字段表示的。由此得到的存储表示称为链接存储结构。链式存储结构要借助程序设计语言的指针类型来描述元素的存储地址，即在此存储方法中，每个节点（数据元素）所占用的存储单元分成两部分：一部分为节点本身的值，称为数据域；另一部分为指针域，存储该节点的后继节点的存储单元地址，从而形成一条链，如图 6-12 所示。

图 6-12　节点的结构

（4）数据的运算

为了对数据进行处理，就需要对数据进行各种运算。数据的运算是定义在数据的逻辑结构上的，但运算的具体实现要在存储结构上进行。数据的各种逻辑结构有相应的各种运算，每种逻辑结构都有一个运算的集合。下面列举常用的 5 种运算。

① 插入：向数据结构中添加新的元素。

② 更新：修改或替代数据结构中指定元素的一个或多个数据项（字段值）。

③ 删除：把指定的数据元素从数据结构中删除。

④ 查找：在数据结构中查找满足一定条件的数据元素。

⑤ 排序：在保持数据结构中数据元素个数不变的前提下，把元素按指定的顺序重新排列。排序一般建立在线性逻辑结构的基础上。

下面将介绍 5 种常用的数据结构：线性表、栈、队列、树和二叉树。

6.3.3 线性表

1. 线性表的定义

线性表是由 n（$n \geq 0$）个数据元素（节点）$a_1, a_2, \cdots, a_i, \cdots, a_n$ 组成的一个有限序列，记为（$a_1, a_2, \cdots, a_i, \cdots, a_n$）。其中，数据元素个数 n 称为线性表长度。当 $n=0$ 时，称此线性表为空表。例如：一个 n 维向量 $(x_1, x_2, \cdots, x_n)$ 是一个长度为 n 的线性表，其中的每一个分量就是一个数据元素；英文小写字母表$(a,b,c,\cdots,z)$是一个长度为 26 的线性表，其中的每一个小写字母就是一个数据元素。

2. 线性表的逻辑结构

线性表$(a_1, a_2, \cdots, a_i, \cdots, a_n)$的逻辑结构描述如下。

（1）有且仅有一个开始节点 a_1，它没有直接前驱，仅有一个直接后继 a_2。

（2）有且仅有一个终端节点 a_n，它没有直接后继，仅有一个直接前驱 a_{n-1}。

（3）其余的内部节点 a_i（$2 \leq i \leq n-1$）有且仅有一个直接前驱 a_{i-1} 和一个直接后继 a_{i+1}。

线性表的基本运算有置空表、求表长、取表中节点、定位、插入和删除等。

3. 线性表的存储结构

线性表的存储结构有顺序表和链表两种。

（1）顺序表

顺序表是用顺序存储方法存储的线性表。在顺序表中，每个节点占用存储空间的大小是相同的，设开始节点 a_1 的存储地址为 $\text{Loc}(a_1)$，每个节点占 c 个存储单元，则节点 a_i 的存储地址如下：

$\text{Loc}(a_i) = \text{Loc}(a_1) + (i-1) \times c$（$1 \leq i \leq n$）

在顺序表中，只要知道首地址和每个节点所占存储单元的个数，就可以求出第 i 个节点的存储地址，因此顺序表具有按节点序号随机存取的特点。

在顺序表中，线性表的有些运算很容易实现，下面仅介绍顺序表的插入和删除运算。

① 顺序表的插入运算

顺序表的插入运算是指在表的第 i 个位置上插入一个新节点 x，使长度为 n 的表 $(a_1,\cdots,a_{i-1},a_i,\cdots,a_n)$ 变成长度为 $n+1$ 的表 $(a_1,\cdots,a_{i-1},x,a_i,\cdots,a_n)$。

用顺序表作为线性表的存储结构时，由于节点的物理顺序必须与节点的逻辑顺序保持一致，因此应将表中位置 $n,n-1,\cdots,i$ 上的节点，依次后移到 $n+1,n,\cdots,i+1$ 上，空出第 i 个位置，然后在该位置上插入新节点 x。

② 顺序表的删除运算

顺序表的删除运算是将表的第 i 个节点删去，使长度为 n 的表 $(a_1,\cdots,a_{i-1},a_i,a_{i+1},\cdots,a_n)$ 变成长度为 $n-1$ 的表 $(a_1,\cdots,a_{i-1},a_{i+1},\cdots,a_n)$。

若 $1\leqslant i\leqslant n-1$，则应将表中的位置 $i+1,i+2,\cdots,n$ 上的节点，依次前移到位置 $i,i+1,\cdots,n-1$ 上，以填补删除操作造成的空缺。

（2）链表

链表是用链式存储方法存储的线性表。在链表中，每个节点所占存储单元由数据域和指针域两部分组成，数据域存储节点本身，指针域存储其后续节点的地址。每个节点都只有一个指针域的链表称为单链表。图 6-13 所示为一个单链表，其最后一个节点无后继节点，且指针域为空（记为 NULL 或 $\wedge$），设置一个表头指针 head，指向单链表的第一个节点。

图 6-13　单链表

下面介绍单链表的插入运算和删除运算。

① 单链表的插入运算

在单链表中的节点 P 后插入一个值为 x 的新节点 S。首先，使新节点 S 的指针域中存放节点 P 的后继节点的地址，然后修改节点 P 的指针值，令其存放节点 S 的地址。图 6-14 所示为在单链表中节点 P 后插入一个新节点，虚线表示变化后的指针。

图 6-14　单链表的插入

② 单链表的删除运算

从单链表中删除指针 P 所指节点的后继节点。删除运算就是改变被删节点的前驱节点的指针域的值，同时将被删节点的指针域的值赋给其前驱节点 P 的指针域中。如图 6-15 所示，长线是变化后的指针。

图 6-15 单链表的删除

（3）顺序表和链表的比较

① 在顺序表中，节点的逻辑顺序与物理顺序是一致的；而在链表中，节点的逻辑顺序与物理顺序可以是不一致的。

② 对顺序表的访问是随机的，对链表的访问则需顺序进行。

③ 对顺序表进行插入和删除运算会引起大量节点的移动，而对链表进行插入和删除运算则无须移动节点。

如果对线性表插入、删除运算的位置加以限制，那么就会产生两种特殊的线性表——栈和队列。

6.3.4 栈和队列

1. 栈

栈是限定仅在表的一端进行插入运算和删除运算的线性表，通常称插入、删除的这一端为栈顶，另一端为栈底。当表中没有元素时称为空栈。

在图 6-16 所示的栈中，元素以 $a_1,a_2,\cdots,a_{n-1},a_n$ 的顺序进栈，退栈的次序却是 $a_n,a_{n-1},\cdots,a_2,a_1$。即栈按照后进先出的原则组织数据。因此，栈又称为后进先出的线性表（LIFO 表）。

栈可以采用顺序存储结构，也可采用链式存储结构。

栈的基本运算有进栈、退栈、置空栈、取栈顶元素等。

2. 队列

队列也是一种运算受限的线性表。它只允许在表的一端进行插入，而在另一端进行删除。允许删除的一端称为队头，允许插入的一端称为队尾。当队列中没有元素时称为空队列。在空队列中依次加入元素 $a_1,a_2,\cdots,a_n$ 之后，a_1 是队头元素，a_n 是队尾元素。显然退出队列的次序也只能是 $a_1,a_2,\cdots,a_n$，即队列中的元素是依照先进先出的原则组织的，因此，队列又称为先进先出的线性表（FIFO 表），如图 6-17 所示。

队列可以采用顺序存储结构，也可采用链式存储结构。

队列的基本运算有入队、出队、置空队列、取队头元素和判队列空等。

图 6-16 栈   图 6-17 队列

6.3.5 树与二叉树

树形结构是一类重要的非线性结构，树和二叉树是最常用的树形结构。

1. 树的概念

树是一个或多个节点组成的有限集合 T，它满足如下两个条件。

（1）有且仅有一个特定的称为根的节点。

（2）其余的节点分为 m（$m \geq 0$）个互不相交的集合 $T_1, T_2, \cdots, T_m$，每个集合是一棵树，称其为根的子树。

图 6-18（a）所示为只有一个根节点的树；图 6-18（b）所示为包含 12 个节点的树，其中，A 是根，其余的 11 个节点分成 3 个互不相交的子集：$T_1 = \{B, E, F, J\}$，$T_2 = \{C\}$，$T_3 = \{D, G, H, I, K, M\}$。$T_1$、$T_2$、$T_3$ 都是树，而且是根节点 A 的子树。对树 T_1 而言，根节点是 B，其余的节点分成两个互不相交的子集：$T_{11} = \{E\}$，$T_{12} = \{F, J\}$。T_{11}、T_{12} 也是树，而且是根节点 B 的子树。而在 T_{12} 中，F 是根，$\{J\}$ 是 F 的子树。

(a) 单节点树   (b) 包含12个节点的树

图 6-18 树的示例

在树结构中常用的基本术语如下。

① 节点的度：一个节点的子树个数称为该节点的度。

② 树的度：一棵树的度是指该树中节点的最大度数。

③ 叶子节点：度为 0 的节点称为叶子或终端节点。在图 6-18（b）中，节点 A、B、C、D 的度分

别为3、2、0、3，树的度为3。C、E、H、I、J、K 和 M 均为叶子节点。

④ 分支节点：度不为0的节点称为分支节点或非终端节点。

⑤ 孩子及双亲节点：树中某个节点的子树之根称为该节点的孩子，该节点称为孩子的双亲或父亲。在图6-18（b）中，B 是节点 A 的子树 T_1 的根，故 B 是 A 的孩子，而 A 是 B 的双亲，E、F 是 B 的孩子，B 是 E、F 的双亲。

⑥ 节点的层数：树是一种分层结构，根节点为第一层，从根节点开始到某节点的层数称为该节点的层数，树中节点的最大层数称为树的深度或高度。在图6-18（b）中，A 的层数为1，B、C、D 的层数为2，E、F、G、H、I 的层数为3，J、K、M 的层数为4，此树的深度为4。

2. 二叉树

（1）二叉树的定义

二叉树是 $n(n \geq 0)$ 个节点的有限集合，它或者是空集（$n=0$），或者由一个根节点及两棵互不相交的、分别称为这个根的左子树和右子树的二叉树组成。这是二叉树的递归定义。图6-19所示为二叉树的5种基本形态，图6-19（a）为空二叉树，图6-19（b）为仅有一个根节点的二叉树，图6-19（c）为右子树为空的二叉树，图6-19（d）为左子树为空的二叉树，图6-19（e）为左右子树均非空的二叉树。

(a) 空二叉树　　　(b) 仅有一个根节点　　　(c) 右子树为空

(d) 左子树为空　　　(e) 左右子树均非空

图6-19　二叉树的5种基本形态

二叉树不是树的特殊情形，尽管树和二叉树的概念间有很多关系，但它们是两个不同的概念。树与二叉树间最主要的差别是：二叉树为有序树，即二叉树的节点的子树要区分为左子树和右子树，即使在节点只有一棵子树的情况下也要明确指出该子树是左子树还是右子树。图6-19的（c）和（d）是两棵不同的二叉树，但如果作为树，它们就是相同的。

（2）二叉树的基本性质

性质1：二叉树的第 i 层上最多有 2^{i-1} 个节点（$i \geq 1$）。

性质2：深度为 k 的二叉树最多有 $2^{k}-1$ 个节点（$k \geq 1$）。

满二叉树和完全二叉树是两种特殊形态的二叉树，如图6-20所示。

(a) 满二叉树　　　　　　(b) 完全二叉树　　　　　　(c) 非完全二叉树

图 6-20　不同形态的二叉树

满二叉树：一棵深度为 k 且具有 2^k-1 个节点的二叉树称为满二叉树，如图 6-20（a）所示。

完全二叉树：若一棵二叉树至多只有最下面两层上的节点的度数小于 2，并且最下一层的节点都集中在靠左的若干位置上，则此二叉树称为完全二叉树。如图 6-20（b）所示。

非完全二叉树：若一棵二叉树至多只有最下面两层上的节点的度数小于 2，并且最下一层上的节点不都集中在该层最左边的若干位置上，则此二叉树称为非完全二叉树，如图 6-20（c）所示。

性质 3：具有 n 个节点的完全二叉树的深度为 $\log_2 n+1$。

性质 4：在任意一棵二叉树中，若叶子节点的个数为 n_0，度数为 2 的节点数为 n_2，则 $n_0=n_2+1$。

（3）二叉树的存储

二叉树的存储通常采用链接方式。使用链表来表示一棵二叉树时，链表中的每个节点由 3 个域组成，除了存储节点自身的信息外，还应设置两个指针域 lchild 和 rchild，分别指向节点的左孩子（左子树）和右孩子（右子树），节点的存储结构如下：

lchild	data	rchild

其中，data 域存放某节点的数据信息，lchild 与 rchild 分别存放其左孩子和右孩子的存储地址。图 6-21（b）所示为图 6-21（a）中的二叉树的存储表示。

(a) 二叉树　　　　　　　　　(b) 二叉树的存储表示

图 6-21　二叉树及二叉树的存储表示

（4）二叉树的遍历

二叉树的遍历（周游）就是按某条搜索路径访问二叉树中的每一个节点，使每个节点都被访问一次且仅被访问一次。我们可以按多种不同的顺序遍历二叉树，此处仅介绍 3 种重要的二叉树遍历方法。

① 先序（根）遍历：首先访问根节点，然后先序遍历左子树，最后先序遍历右子树。

② 中序（根）遍历：首先中序遍历左子树，然后访问根节点，最后中序遍历右子树。

③ 后序（根）遍历：首先后序遍历左子树，然后后序遍历右子树，最后访问根节点。

【例 6.3】图 6-22 所示为一棵二叉树，写出其对应的 3 种遍历序列。

按先序遍历的序列：*ABDFEGHC*；

按中序遍历的序列：*DFBGEHAC*；

按后序遍历的序列：*FDGHEBCA*。

图 6-22　二叉树

6.3.6　查找与排序

1. 查找

查找又称检索，它是数据处理中经常使用的一种重要运算方式。查找的效率直接影响数据处理的效率。

假定被查找的对象是由一组数据元素组成的线性表，而每个数据元素由若干个数据项组成，其中能唯一标识一个数据元素的数据项称为关键码。查找的定义是：给定一个值，在含有 *n* 个数据元素的线性表中找出关键码等于给定值的数据元素，若找到，表示查找成功；否则，表示查找失败。

下面介绍两种常用的查找方法。

（1）顺序查找

顺序查找一般指从线性表的第一个元素开始，依次将线性表中元素的关键码与给定值进行比较，若匹配成功则表示找到（查找成功）；若线性表中所有元素的关键码都与给定值不匹配，则表示线性表中没有满足条件的元素（查找失败）。

顺序查找的优点是线性表不必按关键码排序，对线性表的存储结构无特殊要求（顺序存储、链接存储皆可）；其缺点是，在一般情况下，在整个查找过程中大约要与表中一半的数据元素进行比较，当线性表的长度很大时效率就会较低，即不适用于长度较大的线性表的查找。

（2）二分法查找

二分法查找是一种效率较高的线性表查找方法。二分法查找要求线性表必须是按关键码排序的，且线性表以顺序方式存储。

二分法查找的方法是：在线性表中，取中间元素作为比较对象，这个中间元素把线性表分成左右两个子表，若给定值与中间元素的关键码相等，则查找成功；若给定值小于中间元素的关键码，则在左表中继续查找；若给定值大于中间元素的关键码，则在右表中继续查找。不断重复上述查找过程，直到查找成功或确定表中没有这样的数据元素（查找失败）。

二分法查找的优点是平均检索长度小，即每经过一次比较，查找范围缩小一半。其缺点是线性表必须按关键码排序，很费时间。

【例 6.4】已知线性表的关键码序列为(16,21,29,33,35,43,48,54,66,78,85)。现要查找关键码为 33 的元素。用"[ ]"包含本次查找的子表，用"↑"指向该子表的中间元素，即本次参加比较的关键码，检索的过程如图 6-23 所示，经过 3 次比较找到了该节点。

```
[ 16   21   29   33   35   43   48   54   66   78   85 ]
                          ↑
[ 16   21   29   33   35 ] 43   48   54   66   78   85
               ↑
  16   21   29 [ 33   35 ] 43   48   54   66   78   85
                    ↑
```

图 6-23 使用二分法查找"33"

2. 排序

排序是数据处理中经常使用的一种重要运算。排序是指将一个无序序列整理成按关键码递增或递减顺序排列的有序序列。假定排序的对象是顺序存储的线性表，线性表中的数据元素由若干个数据项组成，以关键码作为排序依据。排序的方法有很多，根据待排序序列的规模及数据处理的要求，可以采用不同的排序方法。以关键码递增的顺序排列为例，对排序方法说明如下。

（1）直接插入排序

直接插入排序是最简单直观的排序方法。其基本方法如下：每次将一个待排序数据元素按其关键码的大小插入已经排好序的线性表中的适当位置，直到全部元素插入完成为止。

直接插入排序过程：假设前 $i-1$ 个数据元素已经排好序，首先将第 i 个数据元素存放到临时变量 T 中；然后将 T 中数据元素的关键码 key_i 从后向前依次与前面数据元素的关键码 $key_{i-1},key_{i-2},\cdots,key_1$ 进行比较，将关键码大于 key_i 的数据元素依次向后移动一个位置，直到发现一个关键码小于或者等于 key_i 的数据元素为止；最后将 T 中的数据元素插入刚移出的空存储单元即可。直接插入排序的整个过程需要进行 $n-1$ 次插入。每次比较最多移去一个逆序，在最坏的情况下，直接插入排序需要进行 $n(n-1)/2$ 次比较。

（2）冒泡排序

冒泡排序是基于交换思想的一种简单排序方法。其基本思想如下：两两比较待排序数据元素的关键码，发现两个数据元素的次序相反时即进行交换，直到没有逆序的数据元素为止。

对 n 个数据元素进行冒泡排序的过程如下：第一趟，从第 1 个数据元素开始到第 n 数据元素为止，按关键码顺序两两比较，若为逆序，则进行交换。将序列按照此方法从头至尾处理一遍称作一趟冒泡，一趟冒泡的结果是将关键码最大的数据元素交换到最后的位置。若某一趟冒泡过程中没有任何交换发生，则排序过程结束。长度为 n 的线性表最多需要进行 $n-1$ 趟冒泡。在最坏情况下，冒泡排序需要进行 $n(n-1)/2$ 次比较。

（3）简单选择排序

简单选择排序的基本思想如下：每一趟从待排序的数据序列中选出关键码最小的数据元素，顺序放在已排好序的子表的最前，直到全部数据元素排序完毕。

简单选择排序的基本过程如下。

① 从第 1 个数据元素开始，通过 $n-1$ 次关键码比较，从 n 个数据元素中找出关键码最小的数据元素，再将它与第 1 个数据元素交换位置，完成第一趟简单选择排序。

② 从第 2 个数据元素开始，再通过 $n-2$ 次比较，从剩余的 $n-1$ 个数据元素中找出关键码最小的数据元素，再将它与第 2 个数据元素交换位置，完成第二趟简单选择排序。

③ 从第 i 个数据元素开始，再通过 $i-1$ 次比较，从剩余的 $n-i+1$ 个数据元素中找出关键码最小的数据元素，将它与第 i 个数据元素交换位置，完成第 i 趟简单选择排序。

重复上述操作，共进行 $n-1$ 趟排序后，把 $n-1$ 个数据元素移动到指定位置，最后一个数据元素直接放到最后，排序结束。在最坏的情况下，长度为 n 的线性表需进行 $n(n-1)/2$ 次比较。

（4）快速排序

快速排序又称划分交换排序。其基本思想如下：在当前无序表中任取一个数据元素作为比较基准，用此基准将当前无序表划分为左右两个无序子表，且左边的无序子表中数据元素的关键码均小于或等于基准的关键码，右边的无序子表中数据元素的关键码均大于或等于基准的关键码，当左右两个无序子表均非空时，分别对它们进行上述的划分过程，直到所有无序表中的数据元素均已排好序为止。

6.4 数据库技术

数据库技术是计算机应用技术的一个重要分支，也是计算机技术中发展最快，应用最广的技术之一。作为数据管理的主流技术，数据库技术已经广泛应用于工业、农业、医疗、教育、金融、商业、军事等各个领域。从某种意义上说，数据库的建设规模、数据库信息量的大小和使用频度，已成为衡量一个国家信息化程度的重要标志。本节介绍数据库技术及数据处理的基础知识。

6.4.1 数据库技术的发展

数据库系统的产生和发展与数据库技术的发展是相辅相成的。数据库技术就是数据管理技术，是对数据进行分类、组织、编码、存储、检索和维护的技术。数据管理方式，随着计算机硬件（尤其是外存）、软件技术的进步和计算机应用范围的扩展而不断发展，大致经历了 3 个基本阶段：人工管理阶段、文件系统阶段和数据库系统阶段。

1. 人工管理阶段

在 20 世纪 50 年代中期及以前，数据管理方式处于人工管理阶段，这一阶段的计算机主要用于科学计算。外存只有磁带、卡片和纸带，没有磁盘等可以进行直接存取的存储设备。软件只有汇编语言，没有操作系统，没有用于管理数据的软件。这个阶段的数据管理的基本特点是：数据不保存在计算机内、无专门软件对数据进行管理、数据不共享（冗余度大）、数据完全依赖程序（不具有独立性），如图 6-24 所示。

图 6-24　人工管理阶段应用程序与数据的关系

2. 文件系统阶段

20 世纪 50 年代后期到 20 世纪 60 年代中期，数据管理方式处于文件系统阶段，这一阶段的计算机硬件和软件技术都有了一定的发展。计算机不仅用于科学计算，还用于数据管理。在这个阶段，硬件方面已经出现了磁盘、磁鼓等可用于直接存取的存储设备；软件方面，操作系统中已经包含了数据管理软件，即文件系统。这个阶段的数据管理的基本特点是：数据可以长期保存，由文件系统管理数据，程序与数据有一定的独立性，但数据文件依赖对应的程序，不能被多个程序所共享，如图 6-25 所示。

图 6-25　文件系统阶段应用程序与数据的关系

3. 数据库系统阶段

从 20 世纪 60 年代中期开始至今，数据管理方式处于数据库系统阶段。在这一阶段，随着计算机硬件和软件技术的飞速发展，计算机更多地用于数据管理，数据量急剧增长，数据共享的要求越来越高，因此，数据库技术应运而生。数据库技术能有效地管理和存取大量的数据资源，提高数据的共享性，使多个用户能并发存取数据库中的数据，减小数据的冗余度，以提高数据的一致性和完整性，实现数据和应用程序的独立性，减少维护应用程序的代价，如图 6-26 所示。

图 6-26　数据库系统阶段应用程序与数据的关系

（1）数据库系统的特点

与文件系统相比，数据库系统具有以下特点。

① 能实现数据的结构化。数据的结构化是数据库系统的主要特征之一，也是数据库系统与文件系统的根本区别。数据库系统中的数据是按照一定的数据结构组织起来的，能表示数据之间所存在的有机关联，从而反映现实世界事物之间的联系。

② 能实现数据共享，减少了数据冗余。在数据库系统中，对数据的定义和描述已经从应用程序中分离出来，通过数据库管理系统统一管理。在数据库系统中存放的整个系统的综合性数据，可以被多个应用程序共享使用，这样可以大大减少数据冗余，不仅能节省存储空间，还能够避免数据之间的不相容和不一致。

③ 数据具有较高的独立性。数据独立性具有两个含义：物理数据独立性和逻辑数据独立性。物理数据独立性是指数据库系统的物理结构（包括数据的组织、存储、存取方法、外部存储设备等）发生改变时，不会影响逻辑结构，而用户使用的是逻辑数据，所以不必改动程序；逻辑数据独立性是指数据库系统的全局逻辑发生改变时，用户也无须改动程序。

④ 能实现对数据的统一管理和控制。数据库系统为多个用户和应用程序所共享，对数据的存取往往是并发的，数据库管理系统可提供 3 个方面的数据控制功能：数据的安全性控制、数据的完整性控制及数据的并发控制，从而保障多用户对数据库系统中数据的共享。

（2）数据库技术的分支

目前，数据库技术与其他信息技术一样，也在不断进步，并与其他计算机技术分支结合，向更高一级的数据库技术发展，如分布式数据库技术、面向对象数据库技术、其他新型的数据库技术等。

① 分布式数据库技术

对集中式数据库系统而言，所有的工作都由一台计算机完成。数据集中管理可减少数据冗余。但随着数据库系统应用规模的不断扩大，集中式数据库系统难以扩展的缺点便暴露出来。

分布式数据库系统是在集中式数据库系统技术的基础上发展起来的，是物理上分布在计算机网络中的不同节点，而逻辑上属于同一系统的数据集合。网络上每个节点的数据库系统都有自治能力，能执行局部应用。同时，每个节点也能通过网络通信执行全局应用。

② 面向对象数据库技术

面向对象数据库系统是面向对象技术与数据库技术有机结合而形成的新型数据库系统。它首先是一个数据库系统，具有传统数据库系统的基本功能；其次是一个面向对象系统，能充分支持完整的面向对象的概念和机制。

③ 其他新型的数据库技术

其他新型的数据库技术包括演绎数据库技术、主动数据库技术、基于逻辑的数据库技术、模糊数据库技术、并行数据库技术、多媒体数据库技术、内存数据库技术、联邦数据库技术、工作流数据库技术、工程数据库技术、地理数据库技术等。

6.4.2　数据库系统的基本概念

1. 数据库

数据库（Database，DB）是长期存储在计算机内的、有组织的、可共享的数据集合。数据库中的数据按一定的数据模型来组织、描述和存储，具有较小的冗余度。

2. 数据库管理系统

数据库管理系统（Database Management System，DBMS）是位于用户与操作系统之间的数据管理软件，它为用户或应用程序提供访问 DB 的方法，包括 DB 的建立、查询、更新及各种数据控制。它的基本功能包括以下 4 个方面。

（1）数据定义功能

数据库管理系统提供数据定义语言（Data Definition Language，DDL），通过它可以方便地对数据库中的数据对象进行定义，如 CREATE DATABASE 是创建数据库命令，CREATE TABLE 是创建数据表命令等。

（2）数据操纵功能

数据库管理系统还提供数据操纵语言（Data Manipulation Language，DML），可以使用 DML 操纵数据，实现对数据的基本操作，如查询、插入、删除和修改。

（3）数据库的运行管理功能

数据库在建立、运行和维护时由数据库管理系统统一管理和控制，以保证数据的安全性、完整性、多用户对数据的并发使用及发生故障后的系统恢复。

（4）数据库的建立和维护功能

它包括数据库初始数据的输入、转换功能，数据库的转储与恢复功能，数据库的重组织、性能监视和分析功能等。这些功能通常是由一些实用程序实现的。

数据库管理系统是数据库系统的一个重要组成部分。

3. 数据库系统

数据库系统（Database System，DBS）是指在计算机系统中引入数据库后构成的系统。一般由数据库、数据库管理系统、数据库管理员、数据库应用系统和用户组成。数据库系统并不仅仅指数据库和数据库管理系统，还是指带有数据库的整个计算机系统。数据库系统的组成如图 6-27 所示。

图 6-27　数据库系统

4. 数据库管理员

数据库管理员（Database Administrator，DBA）是负责建立、维护和管理数据库系统的专业人员。为保证数据库能高效、正常地运行，大型数据库系统都需要专人管理和维护。

5. 数据库应用系统

数据库应用系统（Database Application System，DBAS）是为某一领域应用而开发的数据库系统，它包括数据库、数据库管理系统、数据库管理员、软硬件平台、应用软件和应用界面。

6.4.3　数据库系统的内部结构

数据库系统在其内部具有三级模式和两级映射。三级模式分别是概念模式、外模式和内模式；两级映射则分别是概念模式到内模式的映射以及外模式到概念模式的映射。

1. 数据库系统的三级模式

（1）概念模式

概念模式是数据库系统中全局数据逻辑结构的描述，是全体用户（应用）的公共数据视图。此种描述是一种抽象的描述，不涉及具体的硬件环境与平台，也与具体的软件环境无关。一个数据库只有一个概念模式。

概念模式是所有概念记录类型的定义，是对数据库中所有记录类型的整体描述。概念模式还要描述记录之间的联系，以及记录之间的一些语义约束。

概念模式的描述可以用 DBMS 中的 DDL 定义。

（2）外模式

外模式也称为子模式或用户模式，它是用户与数据库系统的接口。外模式是用户的数据视图，也就是用户所见到的数据模式，由概念模式推导而来。概念模式给出了系统全局的数据描述，而外模式给出了每个用户的局部数据描述。一个概念模式可以有若干个外模式，每个用户只关心与它有关的模式，这样不仅可以屏蔽大量无关的信息，而且有利于数据保护。DBMS 提供外模式 DDL 来定义外模式。

（3）内模式

内模式又称物理模式。它给出了数据库物理存储结构与物理存取方法，如数据存储的文件结构、索引、集簇及散列等。内模式对一般用户是透明的，但它的设计直接影响数据库的性能。DBMS 提供内模式 DDL 来定义内模式。

数据模式给出了数据库的数据框架结构，数据是数据库中的真正实体。但这些数据必须按框架所描述的结构进行组织，以概念模式为框架所组成的数据库称为概念数据库，以外模式为框架组成的数据库称为用户数据库，以内模式为框架组成的数据库称为物理数据库。在上述的 3 种数据库中，只有物理数据库是真实存在于计算机外存中的，其他两种数据库并不真正存在于计算机中，而是通过两种映射由物理数据库映射而成的。

2. 数据库系统的两级映射

数据库系统通过两级映射建立了模式之间的联系与转换，使概念模式与外模式虽然并不具备物理存在，但也能通过映射而获得其实体。此外，两级映射也保证了数据库系统中数据的独立性，即数据的物理组织改变与逻辑概念改变相互独立，只需调整映射方式而不必改变用户模式。

（1）概念模式到内模式的映射

该映射给出了概念模式中数据的全局逻辑结构到数据的物理存储结构间的对应关系，此种映射一般由 DBMS 实现。

当数据库的存储结构发生变化时，可通过修改相应的概念模式到内模式的映射，使数据库的概念模式不变。若其外模式不变，则应用程序无须修改，从而保证数据具有较高的物理独立性。

（2）外模式到概念模式的映射

概念模式是全局模式，而外模式是用户的局部模式。在概念模式中可以定义多个外模式，而每个外模式是概念模式的一个基本视图。外模式到概念模式的映射给出了外模式与概念模式的对应关系，这种映射一般也是由 DBMS 来实现的。

当概念模式发生变化时，可通过修改相应的外模式到概念模式的映射，使用户所使用的那部分外模式不变，从而无须修改应用程序，保证数据具有较高的逻辑独立性，如图 6-28 所示。

图 6-28　数据库的三级模式、两种映射关系图

6.4.4　数据模型

如何在数据库中存储和处理现实世界的事物以及事物之间的联系，是数据库技术首先要解决的问题。数据模型是现实世界中数据特征的抽象，是一组严格定义的模型元素的集合。数据模型是数据库系统中用于数据表示和操作的一组概念和定义。各种数据库管理系统都是基于某种数据模型的。

数据模型按不同的应用层次分成概念数据模型、逻辑数据模型和物理数据模型。

概念数据模型又称为概念模型，是一种面向客观世界、面向用户的模型，与具体的数据库管理系统和具体的计算机平台无关。概念模型是整个数据模型的基础。概念数据模型中最常用的是实体-联系（E-R）模型、扩充的 E-R 模型、面向对象模型及谓词模型。

逻辑数据模型又称为数据模型，是一种面向数据库系统的模型，该模型着重于在数据库系统一级的实现。概念模型只有在转换成数据模型后才能在数据库中表示。常用的逻辑数据模型有层次模型、网状模型、关系模型和面向对象模型等。

物理数据模型又称为物理模型，是一种面向计算机物理表示的模型。此模型给出了数据模型在计算机上的物理结构表示，与具体的 DBMS、操作系统和硬件均有关。

一种被广泛使用的概念模型是 E-R 模型（或称实体-联系模型），该模型将现实世界的要求转化成实体、联系、属性等几个基本概念，以及这些基本概念之间的连接关系，并且可以用一种图非常直观地表示出来。下面对该模型进行详细介绍。

1. E–R 模型的基本概念

（1）实体

现实世界中的事物可以抽象为实体，实体是概念模型中的基本单位，它们是客观存在且又能相互

区别的事物。凡是有共性的实体都可组成一个集合，即实体集，如小王是一个学生实体，全体学生就是一个实体集。

（2）属性

现实世界中的事物都有一些特性，这些特性可以用属性来表示。属性刻画了实体的特征。一个实体往往可以有若干属性。每个属性可以有属性值，一个属性的取值范围称为该属性的值域或值集。例如，小王的年龄取值为 17，小赵的年龄取值为 19。

（3）联系

现实世界中事物间的关联称为联系。在概念模型中，联系反映实体集之间的一定的关系，例如，工人与设备之间的操作关系，上下级之间的领导关系，生产者与消费者之间的供求关系等。

联系可分为两种，一种是实体集内部的联系，它反映实体集不同属性之间的联系；另一种是实体集之间的联系。两个实体集之间的联系实际上是实体之间的函数关系。两个实体集之间的联系可以分为一对一联系、一对多联系、多对多联系 3 种。

① 一对一联系，简记为 $1:1$。如果对于实体集 A 中的每一个实体，实体集 B 中至多只有一个实体与之联系，反之亦然，则称实体集 A 与实体集 B 具有一对一联系。例如，一个学校与一个校长相互一一对应，则学校与校长之间具有一对一联系。

② 一对多联系，简记为 $1:n$。如果对于实体集 A 中的每一个实体，实体集 B 中有 n 个实体（$n \geq 0$）与之联系，反之，对于实体集 B 中的每一个实体，实体集 A 中只有一个实体与之联系，则称实体集 A 与实体集 B 具有一对多联系。例如，一个班级中有多名学生，而一个学生只属于一个班级，则班级与学生之间具有一对多联系。

③ 多对多联系，简记为 $m:n$。如果对于实体集 A 中的每一个实体，实体集 B 中有 n（$n \geq 0$）个实体与之联系，反之，对于实体集 B 中的每一个实体，实体集 A 中有 m（$m \geq 0$）个实体与之联系，则称实体集 A 与实体集 B 具有多对多联系。例如，一个教师可以教授多个学生，而一个学生可以受教于多个教师，则教师与学生之间具有多对多联系。

2. 实体、联系和属性之间的关系

组成 E-R 模型的 3 个基本概念（实体、联系、属性）结合起来才能表示现实世界。

（1）实体集或联系与属性之间的连接关系

实体是概念模型中的基本单位，属性附属于实体，它本身并不构成独立单位。一个实体可以有若干属性，实体及其所有属性构成实体的一个完整描述。例如，在学生档案中，每个学生（实体）可以有学号、姓名、年龄、籍贯、政治面貌等若干属性，这些属性组成了该学生的完整描述。

一个实体的所有属性的值组成了一个值集，称为元组。在概念模型中，可以用元组表示实体，也可以用它区别不同的实体。例如，在表 6-2 所示的学生档案表中，每一行表示一个实体，这些实体可以用一组属性值表示，例如，(201110012,李洪亮,男,18,计算机)、(201110013,刘刚,男,19,会计)这两个元组分别表示两个不同的实体。

表6-2 学生档案表

学号	姓名	性别	年龄	专业
201110012	李洪亮	男	18	计算机
201110013	刘刚	男	19	会计
201110014	赵美	女	18	数学

实体有型与值之别，一个实体的所有属性构成这个实体的型，如学生档案表中的实体型是由学号、姓名、性别、年龄、专业等属性组成；而实体中属性值的集合（元组）则构成这个实体的值。相同型的实体构成实体集。

联系也可以有附属属性，联系及其所有附属属性构成联系的一个完整描述。因此，联系与附属属性之间也有连接关系。例如，教师与学生两个实体集之间的教与学的联系，该联系可含有附属属性，如教室号。

（2）实体集与联系之间的连接关系

实体集之间可通过联系建立连接关系，但实体集之间无法建立直接关系。例如，教师与学生之间无法直接建立关系，只有通过教与学的联系才能在相互之间建立关系。

（3）E-R模型的图示法

E-R模型可以用一种非常直观的图的形式表示，这种图称为E-R图。在E-R图中分别用不同的几何图形表示E-R模型中的3个基本概念与连接关系。

① 实体集表示法

在E-R图中，用矩形表示实体集，在矩形内写上该实体集的名称，如学生实体集，可用图6-29所示的方法表示。

② 属性表示法

在E-R图中，用椭圆形表示属性，在椭圆形内写上该属性的名称，如学生有学号、姓名等属性，可用图6-30所示的方法表示。

③ 联系表示法

在E-R图中，用菱形表示联系，在菱形内写上联系的名称，如学生与课程之间的联系——选修，可用图6-31所示的方法表示。

图6-29 实体　　　　　图6-30 属性　　　　　图6-31 联系

3 个基本概念分别用 3 种几何图形表示，它们之间的连接关系也可用图形表示。

④ 实体集或联系与属性间的连接关系

在 E-R 图中，实体集与属性之间的关系可用连接这两个图形间的无向线段表示。例如，学生实体集有学号、姓名、性别属性，如图 6-32 所示。

联系与属性间的连接关系也可用无向线段表示。例如，联系选修可与学生的成绩属性建立连接关系，如图 6-33 所示。

图 6-32　实体集与属性间的连接关系　　图 6-33　联系与属性间的连接关系

⑤ 实体集与联系之间的连接关系

在 E-R 图中，实体集与联系间的连接关系可用连接这两个图形间的无向线段表示。例如，实体集学生与联系选修之间有连接关系，实体集课程与联系选修之间也有连接关系，因此它们之间的连接关系可用无向线段表示，如图 6-34 所示。

图 6-34　实体集与联系之间的连接关系

学生及其属性和课程及其属性同这两个实体集之间的联系——选修及选修的属性（成绩），构成了学生课程联系的 E-R 模型，如图 6-35 所示。

图 6-35　学生课程联系的 E-R 模型

6.4.5　关系运算

关系运算采用集合操作方式，即操作的对象和结果都是集合。关系模型中常用的关系运算包括两种。一种是传统的集合运算，主要包括并（Union）、差（Difference）、交（Intersection）等；另一种是专门的关系运算，包括选择（Select）、投影（Project）、连接（Join）、除（Divide）、插入（Insert）、删除（Delete）、修改（Update）等。在使用过程中，一些查询工作通常需要组合几个基本运算，并经过若干步骤才能完成。

1. 传统的集合运算

进行并、差、交集合运算的关系必须具有相同的关系模式，假设两个关系 R 和 S 具有相同的关系模式。

（1）并运算

R 和 S 的并集是由属于 R 或属于 S 的元组组成的集合，即并运算的结果是把关系 R 与关系 S 合并到一起，去掉重复元组（只保留一个）。运算符为"∪"，记为 $R \cup S$。

（2）差运算

关系 R 和 S 的差集是由属于 R 但不属于 S 的元组组成的集合，即差运算的结果是从 R 中去掉 S 中也有的元组。运算符为"–"，记为 $R-S$。

（3）交运算

关系 R 和 S 的交集是由既属于 R 又属于 S 的元组组成的集合，即运算的结果是 R 和 S 的共同元组。运算符为"∩"，记为 $R \cap S$。

（4）笛卡儿积运算

关系 R 和 S 的笛卡儿积是由 R 中每个元组与 S 中每个元组组合生成的新关系，即新关系的每个元组左侧是关系 R 的元组，右侧是关系 S 的元组。运算符为 ×，记为 $R \times S$。

2. 专门的关系运算

专门的关系运算主要包括选择、投影和连接运算等。这类运算将关系看作元组的集合，其运算不仅涉及关系的水平方向（表中的行），而且涉及关系的垂直方向（表中的列）。

（1）选择运算

选择运算是从关系 R 中找出满足给定条件的元组组成新的关系。选择的条件以逻辑表达式的形式给出，使逻辑表达式的值为真的元组被选取，记为 $\delta_F(R)$。

其中，F 是选择条件，是一个逻辑表达式，它由逻辑运算符（∧或∨）和比较运算符（>、>=、<、<=、<>）组成。

选择运算是一元关系运算，选择运算结果中的元组个数一般比原来关系中的元组个数少，它是原关系的一个子集，但关系模式不变。

（2）投影运算

投影运算是由选择关系 R 中的若干属性组成的新关系。该运算去掉重复元组（只保留一个），可对关系的属性进行筛选，记为 $\prod_A(R)$。

其中，A 为关系的属性列表，各属性间用逗号分隔。

投影运算是一元关系运算，相当于对关系进行垂直分解。一般地讲，其结果的关系属性个数比原来的关系属性个数少，或者属性的排列顺序不同。投影的运算结果不仅可能取消原来关系中的某些列，还可能取消某些元组（去掉重复元组，只保留一个）。

（3）连接运算

连接运算是依据给定的条件，从两个已知关系 R 和 S 的笛卡儿积中选取满足连接条件（属性之间）的若干元组组成新的关系。

连接运算是笛卡儿积导出的，相当于把两个关系 R 和 S 的笛卡儿积做一次选择运算，从笛卡儿积的全部元组中选择满足条件的元组。

连接运算与笛卡儿积的区别是：笛卡儿积是关系 R 和 S 所有元组的组合，而连接只是满足条件的元组的组合。

在连接运算的结果中，元组、属性的个数一般比两个关系的元组、属性的总数少，比其中任意一个关系的元组、属性的个数多。

连接运算分为条件连接、等值连接、自然连接、外连接等。

① 条件连接：从两个关系 R 和 S 的笛卡儿积中选取属性间满足一定条件的元组。

② 等值连接：从两个关系 R 和 S 的笛卡儿积中选取属性间满足等值条件的元组。

③ 自然连接：自然连接也是等值连接，从两个关系 R 和 S 的笛卡儿积中选取公共属性满足等值条件的元组，但新关系不包含重复的属性。

④ 外连接：外连接分为左外部连接和右外部连接。关系 R 和 S 的左外部连接结果是先将 R 中的所有元组都保留在新关系中，包括公共属性不满足等值条件的元组，新关系中与 S 相对应的非公共属性的值均为空；关系 R 和 S 的右外部连接结果是先将 S 中的所有元组都保留在新关系中，包括公共属性不满足等值条件的元组，新关系中与 R 相对应的非公共属性的值均为空。

6.4.6 数据库设计

数据库设计是开发数据库及其应用系统的技术，数据库应用系统是以数据库为核心和基础的，所以数据库设计的质量直接影响整个系统的效率和质量。只有设计出高质量的数据库，才能开发出高质量的数据库应用系统。数据库设计包括需求分析、概念结构设计、逻辑结构设计、物理结构设计、数据库实施、数据库运行和维护等 6 个阶段。

1. 需求分析

需求分析是数据库设计的第一阶段，这一阶段是概念结构设计的基础。若要设计出可用的概念结构，则必须在需求分析阶段从系统的角度来考虑问题，收集、分析及处理数据。

需求分析阶段的任务是通过详细调查现实世界要处理的对象（组织、部门、企业等），充分了解原系统的工作概况，明确用户的各种需求，然后在此基础上确定新系统的功能。新系统必须充分考虑今后可能的扩充和改变，不能仅按当前应用需求来设计数据库。

2. 概念结构设计

概念结构设计是整个数据库设计的关键，它通过对用户需求进行综合、归纳与抽象，形成一个独立于具体 DBMS 的概念模型。概念模型能够真实地反映现实世界信息的需求，包括实体及实体间的联系，还易于向关系、网状、层次等各种数据模型转换。概念模型便于开发者与不熟悉计算机专业知识的用户进行交流，当应用环境和用户需求发生改变时，开发者又可以很容易地对概念模型做出相应的调整。描述概念模型的有效工具是 E-R 图。

3. 逻辑结构设计

逻辑结构设计是将在概念结构设计阶段设计好的概念模型（用 E-R 图描述）转换为与选定的 DBMS 产品所支持的数据模型，并使其在功能、性能、完整性约束、一致性和可扩充性等方面均满足用户的需求。逻辑结构设计要分两步进行。

（1）将概念模型转换为关系模型，并对关系模型进行优化。

（2）将优化后的关系模型向特定的关系数据库管理系统（Relational Database Management System，RDBMS）产品支持下的数据模型转换，就是将一般的关系模型转换为符合某一具体的能被计算机接受的 RDBMS 模型（如 SQL Server、Oracle 等）。

4. 物理结构设计

数据库的物理结构是指数据库在实际物理设备上的存储结构与存储方法。物理结构设计是为逻辑数据模型选取一个最适合应用环境的物理结构，即利用选定的 DBMS 提供的方法和技术，用合理的存储结构设计一个高效的、可行的数据库物理结构。

5. 数据库实施

数据库实施阶段的任务就是根据逻辑结构设计和物理结构设计的结果，在实际选定的 RDBMS 上建立数据库，通常要完成以下两项工作。

（1）建立数据库的结构。利用 RDBMS 提供的数据定义语言将逻辑结构设计和物理结构设计结果描述为源程序，调试执行源程序后就完成了数据库结构的建立。

（2）输入模拟数据并调试应用程序。

6. 数据库运行和维护

数据库试运行合格后，数据库设计工作就基本完成了，即可投入正式运行。在数据库运行阶段，对数据库的维护工作主要由数据库管理员完成，主要的工作包括数据库的转储和恢复、数据库的安全性和完整性控制、数据库性能的监督和分析、数据库的重组织与重构造等。

6.4.7 常见的数据库管理系统

当前流行的数据库管理系统产品主要有 SQL Server、Oracle 等。

1. SQL Server

SQL Server 是一个支持关系模型的关系数据库管理系统，是微软公司的产品，已历经了多个版本的发展演化。微软公司于 1995 年发布 SQL Server 6.0 版本；1996 年发布 SQL Server 6.5 版本；1998 年发布 SQL Server 7.0 版本，在数据存储和数据引擎方面做了根本性的改变，确立了 SQL Server 在数据库管理工具中的主导地位；2000 年发布 SQL Server 2000，在数据库性能、可靠性、易用性方面做了重大改进；2005 年发布 SQL Server 2005，为各类用户提供完善的数据库解决方案；2008 年发布 SQL Server 2008 R2，在安全性、延展性和管理能力等方面进行了进一步提高；2012 年发布 SQL Server 2012。

现在比较流行的 SQL Server 2012 不仅继承了早期版本的优点，同时增加了许多新的功能，具有高安全性、高可靠性、高效智能等优点。

2. Oracle

Oracle 是 Oracle 公司开发的大型关系数据库系统。Oracle 数据库系统支持多种操作系统平台（如 Linux、SunOS、Windows 等），Oracle 数据库的常用版本为 Oracle Database 12c。Oracle Database 12c 引入了一个新的多承租方架构，使用该架构可轻松部署和管理数据库云。此外，其具备的一些创新特性可最大限度地提高资源的使用率和灵活性。

思考与练习

1. 什么是软件工程？

2. 什么是软件的生命周期？软件生命周期分为哪几个阶段？

3. 简述用结构化方法进行软件开发的过程。

4. 什么是程序？程序的 3 种最基本的控制结构是什么？

5. 什么是算法？算法最主要的特征是什么？衡量算法优劣的主要标准是什么？

6. 数据结构主要由哪 3 方面的内容组成？

7. 栈、栈顶、栈底、空栈分别是什么？

8. 树与二叉树的区别是什么？

9. 常用的排序方法有哪几种？

10. 数据库技术的发展经历了哪些阶段？每个阶段各有什么特点？

11. 数据库管理系统和数据库系统分别是什么？数据库管理系统的基本功能有哪些？

12. 数据库系统内部的三级模式和两级映射分别是什么？

13. 数据模型有哪几种？

14. 传统的集合运算和专门的关系运算分别都有哪些？

第7章
计算思维简介

20世纪90年代后期，在高等学校普遍开设计算机基础、计算机文化基础等大学计算机课程之后，高等教育界在计算机课程改革的过程中，逐渐将课程改革的着力点放在目标的调整上，核心任务之一是培养学生的计算思维能力，提出高校开设的"大学计算机"类课程应以计算思维作为主线。那么，究竟什么是计算思维？计算机思维会给大学计算机教学带来什么样的好处？本章将给予解答。

本章主要介绍计算思维的基本概念和特征，学习使用计算思维进行问题求解的一般方法。本章的目的在于强调计算思维在学习、研究和工作中的重要作用，培养读者自觉、主动的计算思维能力。本章主要内容如下：

- 科学与科学思维；
- 计算思维的概念；
- 计算思维与问题求解。

7.1 科学与科学思维

计算科学是采用数学建模、定量分析和计算机技术来解决科学问题的研究领域。理论科学、实验科学与计算科学并称为科学的三大支柱，而理论思维、实验思维和计算思维便是与它们相对应的科学思维方式。计算思维在人类社会的经济、科技等领域发挥了重要的作用，是现代社会中每个人都应具备的思维方式。

7.1.1 科学与计算科学

1. 科学的概念

在现实生活中，"科学"一词的含义被人们普遍而又简单地、模糊地认为是"真实的""客观的"。"科学"一词最早源于拉丁语，不同的国家、不同的学者对"科学"有着不同的解释。

（1）达尔文对"科学"的定义为：科学就是整理事实，从中发现规律并做出结论。

（2）爱因斯坦认为：设法将人们杂乱无章的感觉经验加以整理，使之符合逻辑一致的思想系统，就叫科学。

（3）美国《韦伯斯特新世界词典》对"科学"的定义为：科学是从确定研究对象的性质和规律这一目的出发，通过观察、调查和实验得到的系统知识。

（4）我国《辞海》对"科学"的定义为：科学是运用范畴、定理和定律等思维形式反映现实世界各种现象的本质和运动规律的知识体系。

由此可见，对于"科学"的理解和认识，众说纷纭，见仁见智。不过，从各种对"科学"概念的表述中，还是可以找出一些基本的、共同的内涵：科学是反映现实世界中各种现象及其客观规律的知识体系。

2. 科学的分类

对科学的分类，也存在不同的观点。根据分类方式的不同，可以将科学划分为各种不同的类型，如表 7-1 所示。

表 7-1　科学的分类

分类方式	划分的类型
按照研究对象的不同	自然科学、社会科学、思维科学
按照人类目标的不同	广义科学、狭义科学
按照人类对自然规律利用的直接程度	自然科学、实验科学
按照与实践联系的不同	理论科学、技术科学、应用科学
按照研究手段和方法的不同	理论科学、实验科学、计算科学

目前，理论科学、实验科学和计算科学被广泛认为是推动人类文明进步和科技发展的重要手段，是获得科学发现的三大支柱。

理论科学提出论题（如经济问题、技术问题）及其解决的办法和方向的设想；实验科学组织好实际的物质条件，按照理论科学提出的论题进行反复实验，最终得到该理论是否成立的结论；计算科学在理论研究、实验进行的过程中用数学的手段去论证与修正，若理论成立且实验通过，计算科学还能将这些结论和过程转化成实际模型，进而转化为实际应用。理论科学、实验科学、计算科学三者的研究关系如图 7-1 所示。

3. 计算科学与计算学科

从计算的角度来看，计算科学（Computational Science）又称为科学计算，是一种运用数学建模、定量分析方法并使用计算机进行分析、解决科学问题的研究领域。

图 7-1　理论科学、实验科学与计算科学的关系

从计算机的角度来看，计算科学（Computing Science）是应用高性能计算能力预测和了解客观世界物质运动或复杂现象演化规律的科学，包括数值模拟、工程仿真、高效计算机系统和应用软件等。

相应地，从计算的角度来看，利用计算科学对其他学科的问题进行计算机模拟或者其他形式的计算而形成的学科（诸如计算化学、生物计算或计算生物、计算物理等学科）统称为计算学科（Computational Discipline）。

从计算机的角度来看，计算学科是指对描述和变换信息的算法过程进行系统的研究，包括算法过程的理论、分析、设计、效率分析、实现和应用等。

计算学科的基本问题是"什么能被（有效地）自动执行"，即讨论可行性的有关内容，包括：什么是（实际）可计算的，什么是（实际）不可计算的，如何保证计算的自动性、有效性和正确性。计算学科是在数学和电子科学基础上发展起来的一门新兴学科，它既是一门理论研究很深入的学科，又是一门实践性很强的学科。

7.1.2　思维与科学思维

1. 思维的概念

思维是人脑对客观事物的一种概括的、间接的反映，它反映了客观事物的本质和规律。人脑对信息的加工处理包括分析、抽象、综合、概括等。思维是人类的高级心理活动，是人类认识事物的高级形式；思维是人类和其他动物的根本区别之一，是人类的重要本质所在。

思维以感知为基础，又超越感知的界限。它探索与发现事物的内部本质联系和规律，是认识过程的高级阶段。思维是知识的本原。思维是人类获得知识的途径，是加工知识的"机器"。

2. 思维的特征

思维是一个复杂的多面体，它具有如下多重属性。

（1）概括性与间接性

概括性是思维最显著的特性。思维之所以能够揭示事物的本质和内在规律的关系，主要来自抽象和概括的过程。思维的概括性使人类的认知活动摆脱了对具体事物的依赖和直接感知的局限，拓宽了人类的认识范围，也加深了人类对事物的理解，使更迅速、更科学地认识世界成为可能。

思维的间接性就是思维凭借知识经验对客观事物进行的间接反映。首先，思维凭借着知识经验，能对没有直接作用于感觉器官的事物及其属性或联系加以反映。其次，思维凭借着知识经验，能对原本不能直接感知的事物及其属性进行反映。

（2）统一性和差异性

这里的统一性指的是思维的人类性和普遍性。简单地说，人类的思维能力在基本方式上是一致的。但这并不是说人与人之间在思维上就没有差别，恰恰相反，作为个体的每个人在思维的深层次上常常会有很大的不同。所以说，思维存在着统一性，也存在着差异性。

（3）能动性

思维具有能动性。凭借知识和经验，人类不仅能认识和反映世界，还能超越感知提供的信息，揭露事物的本质和规律，预测事物的发展和变化趋势，从而对客观世界进行改造。

3. 思维的类型

（1）按抽象性来划分，思维可分为直观动作思维、具体形象思维和抽象逻辑思维。

直观动作思维又称实践思维，是凭借直接感知，伴随实际动作进行的思维活动；具体形象思维是运用已有表象进行的思维活动；抽象逻辑思维则是以概念、判断、推理的形式对事物的本质特性和内在联系进行认识的思维活动。

（2）按思维的进程方向来划分，思维可分为横向思维、纵向思维、发散思维和收敛思维。

横向思维的思维方向大多是围绕同一个问题从不同的角度进行分析，或是在对各个与之相关的事物的分析中寻找答案；纵向思维就是从其他领域得到启示的思维方法，是利用局外信息来发现解决问题的途径的思维；发散思维又称求异思维、辐射思维，是从一个目标出发，沿着各种不同途径寻求各种答案的思维；收敛思维又称聚合思维、集中思维，是把问题所提供的各种信息集中起来得出一个正确的或最佳的答案的思维。

（3）按思维的形成和应用领域来划分，思维可分为日常思维和科学思维。

日常思维是指人们运用已获得的知识经验，按惯常的方式解决问题的思维；科学思维能将思维方法模式化，是具有方向性的思维。

4. 科学思维的定义

科学思维是指理性认识及其过程，即人脑对感性认识材料进行整理、归纳、加工处理，形成概念、分析、判断和推理，揭示事物的本质和内在规律的思维活动。

简而言之，科学思维就是人脑对科学信息的加工活动，是人们认识自然界、社会和人类意识的本质和客观规律的高级思维活动。

科学思维比日常思维更具理性、客观性、严谨性、系统性与科学性。科学思维应具有理性思维、逻辑思维、系统思维和创造性思维的表现和特征。

（1）理性思维

理性思维是一种有明确的思维方向，有充分的思维依据，能对事物或问题进行观察、比较、分析、综合、抽象与概括的思维。理性思维是一种建立在证据和逻辑推理基础上的思维方式。

（2）逻辑思维

逻辑思维以抽象的概念、判断和推理作为思维的基本形式，以分析、综合、比较、抽象、概括和具体化作为思维的基本过程，从而揭露事物的本质特征和规律。

（3）系统思维

系统思维就是把认识对象作为系统，从系统和要素、要素和要素、系统和环境的相互关系、相互作用中综合考察认识对象的一种思维。系统思维能极大地简化人们对事物的认知，给人们带来对事物的整体感知。

（4）创造性思维

创造性思维是一种具有主动性和开创性的探索未知事物的高级且复杂的思维。通过创造性思维，我们不仅可以发现客观事物的本质和规律，而且能在此基础上产生新颖的、独特的、有社会意义的思维成果，开拓人类知识的新领域。

5. 科学思维的分类

与理论科学、实验科学和计算科学三大科学相对应，科学思维分为理论思维、实验思维和计算思维。

（1）理论思维

理论思维是对事物的感性认识资料进行抽象、概括，形成描述事物本质的概念，主要以推理和演绎的方式，探寻概念之间相互联系的一种思维活动。

理论源于数学，理论思维支撑着所有的学科领域。正如数学一样，定义是理论思维的灵魂，定理和证明是其精髓，公理化方法是最重要的理论思维方法。

（2）实验思维

实验思维是通过观察和实验的手段，揭示自然规律法则的一种思维活动。实验思维的特征是观察、整理、归纳、对比和验证。例如，星球运行规律与万有引力的发现、设备性能的物理测量、物质的分解与化合反应测试、生物的解剖等，就是认识事物本质和变化规律的有效手段和思维方法的体现。

与理论思维不同，实验思维往往需要借助某些特定的设备，通过它们来获取数据以便进行分析。

（3）计算思维

计算思维又称构造思维，是指从具体的算法设计入手，通过对算法的构造与实施，来解决给定问题的一种思维活动。

从本质上来说，理论思维、实验思维和科学思维三大思维活动都是人类科学思维方式中固有的部分。其中，理论思维强调推理，实验思维强调归纳，计算思维强调可自动求解。它们以不同的方式推动着科学的发展和人类文明的进步。

7.2　计算思维的概念

目前，计算思维的研究越来越受到人们的关注。计算思维不仅仅属于计算机科学家，它也应当是每个人的基本技能。每个人都应像拥有阅读、写作和算术等基本技能一样拥有计算思维技能，要像计算机科学家那样思考，并能自觉地将计算思维应用于日常的学习、研究与工作中。

7.2.1　计算思维的定义

2006 年 3 月，美国卡内基梅隆大学计算机科学系主任周以真（Jeannette M. Wing）教授在美国计算机权威期刊 *Communications of the ACM* 杂志上对计算思维（Computational Thinking）进行了定义。

周以真教授认为：计算思维是运用计算机科学的思想与方法进行问题求解、系统设计，以及人类行为理解等涵盖计算机科学广度的一系列思维活动。

1. 问题求解中的计算思维

利用计算思维求解问题的过程是：把实际的应用问题转换为数学问题，建立模型；设计算法；编程实现；最后在实际的计算机中运行并求解。其中，前两步是计算思维中的抽象，后两步是计算思维中的自动化。

2. 系统设计中的计算思维

卡普教授认为：任何自然系统和社会系统都可视为一个动态演化系统，演化伴随着物质、能量和信息的交换，这种交换可以映射为符号变换，因而能通过计算机进行离散的符号处理。当动态演化系统抽象为离散符号系统后，就可以采用形式化的规范进行描述，并通过建立模型、设计算法和开发软件来揭示演化的规律，实时控制系统的演化并自动执行。

3. 人类行为理解中的计算思维

计算思维是基于可计算的手段，以定量化的方式进行的思维。利用计算手段来研究人类行为，可视为社会计算，即通过各种信息技术手段，设计、实施和评估人与环境之间的交互。使用计算思维的观点对当前社会计算中的一些关键问题进行分析与建模，尝试从计算思维的角度重新认识社会计算，可找出新问题、新观点和新方法等。

7.2.2　计算思维的特征

计算思维具有以下特征。

1. 计算思维是人类的思维方式

计算思维是人类求解问题的途径，属于人的思维方式，而不属于计算机的思维方式。

计算思维是人类求解问题的一条途径，但绝非要使人类像计算机那样进行思考。计算机之所以能够求解问题，是因为人类将计算思维赋予了计算机，计算机才能够执行如迭代、递归等复杂计算。像计算机科学家那样去思考，意味着不仅只是为计算机编程，还要求能够在抽象的多个层次上进行思考。

2. 计算思维是思想，不是人造品

计算思维不是人造品，而是将计算的概念应用于问题的求解、日常生活的管理，以及与他人的交流和互动。

3. 计算思维是数学思维和工程思维的互补与融合

计算机科学在本质上源自数学思维，因为像其他科学一样，它的形式化基础构建于数学之上。计算机科学在本质上又源自工程思维，因为我们建造的是能够与实际世界互动的系统，基本计算设备的限制迫使计算机科学家必须进行工程性的思考，而不仅只是数学性的思考。数学思维和工程思维的互补与融合很好地体现在计算思维的过程中。

4. 计算思维应面向所有人、所有领域

计算思维无处不在，当计算思维真正融入人类活动的整体时，它作为一个解决问题的有效手段，人人都应掌握，处处都会被使用。

7.2.3　计算思维的本质

计算思维的本质是抽象（Abstraction）和自动化（Automation）。计算思维的本质反映了计算的根本问题，即什么能被有效地执行，也就是说，哪些是可计算的，哪些是不可计算的。

1. 抽象

抽象是对事物进行人为处理，抽取关心的、共同的、本质的特征属性，并对这些事物和特征属性进行描述，从而大大降低系统元素的绝对数量。抽象可分为物理抽象、数学抽象和计算抽象。对自然现象或人工现象的计算抽象是将问题符号化，使其成为一个计算系统。

为了实现机器自动化，还需要对抽象问题进行精确描述和数学建模。

案例：哥尼斯堡七桥问题。

哥尼斯堡七桥问题是图论研究领域的热点问题。在 18 世纪初普鲁士哥尼斯堡的一个公园里，有一条普莱格尔河穿过公园，河中有两个小岛，有 7 座桥把两个岛与河岸联系起来，如图 7-2 所示。有人提

出一个问题：一个步行者从 A、B、C、D 这 4 块陆地中的任一块出发，如何才能不重复、不遗漏地一次走完 7 座桥，并最后回到出发点。

1736 年，瑞士数学家欧拉（Leonhard Euler），把它转化成一个几何问题，他的解决方法是把陆地抽象为一个点，用连接两个点的线段表示桥梁，将该问题抽象成点与线的连接图的问题，即把一个实际问题抽象成数学模型，如图 7-3 所示。这就是计算思维中的抽象。

图 7-2　哥尼斯堡问题

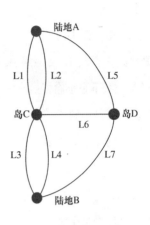

图 7-3　欧拉模型

2. 自动化

自动化就是对抽象的模型建立合适的算法，计算的过程就是执行算法的过程。

7.3　计算思维与问题求解

应用计算思维进行问题分析与求解可以归纳为以下 4 步。

1. 界定问题，寻找解决问题的条件

界定问题就是把问题理清，弄清楚问题到底是什么，什么是已知的，什么是未知的，并用适当的语言来描述。对同一问题应设计尽可能多的解决方案，再对这些解决方案进行对比，选出最合适的方案来解决问题。

寻找解决问题的条件，首先要缩小问题求解范围，然后可以尝试从最简单的特殊情况入手，最后逐渐深入。

2. 若有连续性的问题，则进行离散化处理

图像、声音、时间、压力、自然现象、社会现象等是连续型信息，数字、字母、符号等是离散型信息。连续型信息只有被转化为离散型信息（数字化）后，才能被计算机处理。

3. 从问题抽象出适当的数学模型，然后针对这个数学模型设计算法

算法是问题求解过程的精确描述。在求解一个问题时，可能会有多种算法可供选择。应根据算法的正确性、可靠性、简单性、存储空间、执行速度等标准综合衡量，选择适合的算法。

4. 按照算法编写程序，并调试、测试、运行程序，得到最终解答

在设计程序时应考虑以下问题：如何按功能划分程序模块；如何按层次组织模块；如何逐步细化设计过程。

案例：警察抓小偷。

警察抓获了a、b、c、d共4名盗窃嫌疑犯，其中只有1个人是小偷，审问记录如下。

a说："我不是小偷。"

b说："c是小偷。"

c说："小偷肯定是d。"

d说："c在冤枉人。"

已知：4个人中3个人说的是真话，1个人说的是假话。

问：到底谁是小偷？

（1）问题分析

第一步：依次假设每个人是小偷。

第二步：检验嫌犯的4句话，验证"4个人中3个人说的是真话，1个人说的是假话。"是否成立。

第三步：如果成立，则说明第一步的假设成立，即可确定谁是小偷。

（2）建立数学模型

① 将a、b、c、d分别编号为1、2、3、4；

② 用变量x存放小偷的编号（如$x=1$表示a是小偷）。

将a说："我不是小偷。"表示为a说：$x \neq 1$。

将b说："c是小偷。"表示为b说：$x=3$。

将c说："小偷肯定是d。"表示为c说：$x=4$。

将d说："c在冤枉人。"表示为d说：$x \neq 4$。

③ 依次将$x=1$，$x=2$，$x=3$，$x=4$代入问题系统的4句话，检验"4个人中3个人说的是真话，1个人说的是假话"是否成立。即4个检验结果的逻辑值相加应为：

$$1+1+1+0=3$$

（3）程序编写

```python
for x in range(1,5):
    if (x!=1)+(x==3)+(x==4)+(x!=4)==3:
        print(str(x)+"是小偷")
```

　　从上述案例可以看出，计算思维是选择一种合适的方式陈述一个问题或对一个问题的相关方面建模使其更易于处理的思维方式。

　　计算思维是建立在计算过程的能力和限制之上的，不管这些过程是由人还是由机器执行的。计算方法和模型可以帮助我们完成那些原本无法由个人独自完成的问题求解和系统设计。

　　计算思维代表着一种普遍的认识和一类普适的技能，不仅仅是计算机科学家，每一个人都应注重学习和运用计算思维。

思考与练习

1. 科学有哪些分类方法？

2. 什么是思维？思维有哪些特征？

3. 科学思维包括哪些内容？

4. 简述计算思维的概念。

5. 计算思维有哪些特征？

6. 计算思维的本质是什么？

7. 简述应用计算思维求解问题的一般步骤。

8. 举例说明你对计算思维的理解。

参考文献

[1] 李凤霞，陈宇峰，史树敏. 大学计算机[M]. 北京：高等教育出版社，2014.

[2] 娄岩. 大学计算机基础[M]. 北京：科学出版社，2018.

[3] 郝兴伟. 大学计算机——计算思维的视角[M]. 北京：高等教育出版社，2014.

[4] 曾强聪. 软件工程[M]. 北京：中国水利水电出版社，2014.

[5] 崔来中，傅向华. 计算机网络与下一代互联网[M]. 北京：清华大学出版社，2015.

[6] 程传慧. 数据库原理与技术[M]. 北京：中国水利水电出版社，2017.

[7] BROOKSHEAR J G. 计算机科学概论[M]. 北京：人民邮电出版社，2009.

[8] PARSONS J J, OJA D. 计算机文化[M]. 北京：机械工业出版社，2011.

[9] 李丕贤，孙美乔. 大学计算机概论[M]. 北京：科学出版社，2014.

[10] 李根强，刘浩，谢月娥. 数据结构（C语言版）[M]. 北京：中国水利水电出版社，2017.

[11] 韩立刚. 计算机网络原理创新教程[M]. 北京：中国水利水电出版社，2017.

[12] 孙连科. 大学计算机应用基础[M]. 2版. 北京：中国水利水电出版社，2017.

[13] 白宝兴，周剑敏. 大学计算机基础[M]. 天津：南开大学出版社，2017.

[14] 郭金兰. 计算机应用技术教程[M]. 西安：西安交通大学出版社，2016.

[15] 曾剑平. 互联网大数据处理技术与应用[M]. 北京：清华大学出版社，2017.

[16] 李蕾，王小捷. 机器智能[M]. 北京：清华大学出版社，2016.

[17] 吕云翔，张璐，王佳玮. 云计算导论[M]. 北京：清华大学出版社，2017.

[18] 尚文倩. 人工智能[M]. 北京：清华大学出版社，2017.